身近にある
うまい雑草、
ヤバイ毒草

美味しい草と
よく似た危ない草、
徹底的に探してみました

森 昭彦

はじめに

楽しむために必要なこと

わたしたちが何気ないひと時を過ごしている〝この世界〟は、存外に広く、ヘンテコなものであふれている。

いまでこそ〝野菜〟や〝ハーブ〟と厚遇される植物たちも、世界各地で野生していた道ばたの雑草を源流とする。実際、現代日本の道ばたにも野菜やハーブの〝原種〟が育っており、これがまたおもしろいくらい美味しかったりする。

医薬品の原料となる植物もまた、身近な道ばたでたくさん収穫でき、自分に合ったものを知ることは大きな助けとなり、なによりも好奇心をそそられ、すこぶる楽しい。知るほどに選択肢は増え、一年中、収穫にいそしむことも不可能ではない。

さて本書には〝植物名〟がさんざん登場するけれど、すべてをひとつひとつ、覚える努力はひとまず不要である。見分け方も——非常に大事ではあるけれど——読んでいる間は目もくれずともよい。

重要なことは「この美味しい野草には似ているものがある」というイメージと、「分からないものは食べない」という単純なルールだけ。もちろん中毒を起こす毒草（第1章〜第2章に多出）について、あらかじめ特徴を把握する必要はあるのだけれど、まずは楽しむために必要なことがなにかを知っておきさえすればよいと思う。

本書の特徴

取り急ぎ「身近で」かつ「美味しい」ものを知りたいという方は、第3章から始めてみてはいかがだろうか。植物の並び順については、知名度より、美味しさ、下ごしらえの手軽さ、よく見られるものであるかどうか――つまり総じての食べやすさ――を重視した。あまり知られていなくとも、食べやすいものが実はたくさん存在するので、それらを先んじてご紹介している。この食べやすさについては、これまで各地のイベントでともに実食した方々や、野草料理を研究する方々の所感を参考にさせていただいた。

もちろん、自然界にはリスクが付きものである。第1章、第2章では、美味しい山野草や野菜と「よく似た毒草の見分け方」について解説する。各地を巡っていると、毒草にアタった経験をお持ちの方が結構いらっしゃる。死亡事故や重大な中毒事故も、素人だけでなく、熟練の山菜採りや農家にも多いことを知っておきたい。

原因は、たいがい〝うっかり〟と〝思い込み〟。そのまま調理まで進むと、猛毒草であっても美味しく食べられてしまうから恐ろしい。事故を避けるのに、莫大かつ難解な勉強はまるで必要ない。次ページや各項でご案内する〝基本〟を守りさえすれば、ただひたすら楽しく世界を旅することが叶う。

有毒の「ホウチャクソウ」

美味しい「アマドコロ」

この本を読む方へ

少しでも悩んだら「絶対に採らない」

道ばたや野原の雑草は最初、どれもこれもが「一緒」に見え、手を出しづらいもの。目が慣れてくると、それぞれの違いが分かるようになるのだけれど、危険な野草に手を伸ばすとしたらまさにこのとき。

大自然が多彩な植物をはぐくむ場所はもちろん、市街地や住宅地も危険。というのは、激烈な毒を持つ園芸植物が少なくないからだ。これがしばしば庭から逃げ出して、道ばたや畑地で「美味しい野草」と一緒に暮らす。選び方を間違えて中毒する事故が散発しているので要注意。

「似ているからきっと大丈夫」、「煮たり焼いたりすれば安全」。このような考えにとらわれた方々が集中治療室のお世話になってきた。死亡事例の多くが、しっかり加熱処理をして召し上がった結果である事実も知っておきたい。弱毒性の野草であっても、体質によっては辛い症状に悩まされるだろう。悩んだら「手を出さない」という勇気があなたを守ってくれる。

下処理はしっかりと、食べる量はほどほどに

それが「美味しい野草」だと確信できたら、下ごしらえに取りかかる。ここには実に洗練された毒抜きの秘技が伝えられる。一に「よく洗う」、二に「茹でる」だ。

自然豊かな里山はもちろん、近年は市街地まで動物たちが顔を出す。その〝落とし物〟の数も莫大で、衛生管理に細やかな配慮が不可欠になった。最近までナマで食べてきた野草も「よく洗い、1分前後の加熱処理」が望ましい時代を迎えている。動物の毛や落とし物に潜む微小な生物たちは、60〜80℃まで加熱されると昇天するものが多い。その前に、茎葉を丁寧にこすり洗いすればポロリと脱落する。

下処理が終われば調理。これが想像以上に楽しいため、作りすぎ、食べすぎの事故がよく発生する。「野草だけでお腹を満たそう」とはあまり考えない方がよい。メインは普段通りの食材で、野草は混ぜ物

や副菜とし、多種類を少量ずつ食べ、香味や食感の違いを楽しむのが王道。たとえば、人気が高いオカジュンサイ（172ページ）も、美味しいからと食べすぎれば下痢を招き、腎臓に過度の負担を強いてしまう。健康な人でも4~5本くらいで手を止め箸を置くことで、今後も長く楽しいお付き合いを続けられる。

どこで野草を摘むか？

この問題が、実のところ厄介である。毒草を避けてもなお、煤煙、農薬、廃液、重金属に汚染された野草を食べてしまえばやはり有害。この毒物は自覚症状が出るのに時間がかかり、人体からの排出もむつかしいという傾向が強い。

いまでこそ緑の楽園であっても、かつて工場があったり産業廃棄物を埋めたりした場所も多く、廃液や重金属の汚染物質に満ちている。

近所なら「見た目は豊かでも危険な場所」は分かるが、知らない場所ではそうもいかない。安全な採取地を「見つけ出す」ことが大切になる。

その手でつかむは――

これまで見えなかったものが見えてくる――これは最高の喜びのひとつだ。あなたの目はすぐに、〝この世界〟に馴染むだろう。見るべきところさえ押さえれば、専門用語に首を絞められずとも「分かる」し「楽しくなる」。

本書では見分けのポイントを「実に簡潔」に記しておく。「相当思い切った簡潔さ」ゆえ、言葉足らずなことも否めない。正確な種族の特定を望まれる場合は専門図鑑で調べ直されたい。身近にどのような植物が住み、どうしたら楽しめるのか。まずはシンプルに「直観的なイメージ」からその手につかんでみたい。

本書に掲載している目印

日本で多くの人が好んで食べてきた植物

毒性が強い植物（口に入れてはならない）

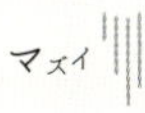

食用にされない植物（口に入れない方がよい）

もくじ

第1章　うまい雑草、よく似た毒草

本書が選ぶ
危険な毒草トップ3

「こんな野菜にそっくりな、有毒の野草が意外と身近に！」

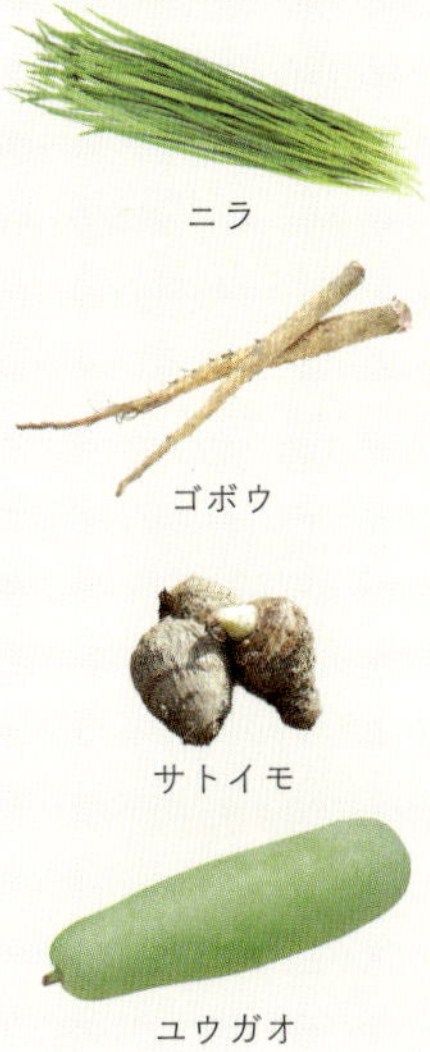

本書が選ぶ
美味しい雑草トップ3

セリ

イノコヅチの仲間２種
（ヒカゲイノコヅチ、ヒナタイノコヅチ）

ノビル

※おのおの、似ている有毒種ないし非食用種もあるので注意！（第１章も参照）

第4章　だまされにくい!?　うまい雑草

「初学者でも見つけやすく、美味しいものもたくさん！」

アオミズ

ヤハズエンドウ

ハマダイコン

アカザ

ユキノシタ

第5章　野山が秘めるグルメ山菜

コラム

本書が選ぶ
美味しい山菜トップ3

ヤマノイモ

カタクリ

ツリガネニンジン

※ヤマノイモは有毒種との取り違え事例が多いので注意！（第1章を参照）

第1章

うまい雑草、よく似た毒草

山菜で幸せを味わうか、猛毒で治療を味わうか

そっくりな毒草を食べてしまう事故がよく起きる。安全に見分けるポイントはとてもシンプル。確実に美味しい方を選び、自然の恵みを楽しみたい。

うまい

オオバギボウシ

コバギボウシ

ヤバイ

バイケイソウ

コバイケイソウ

うまい

オオバギボウシ 多年草

Hosta sieboldiana

利用：新芽、葉柄

収穫：春、初夏

分布：北海道、本州

居所：雑木林、山地

特徴

❶新芽の姿は「折りたたみ」がなく、表面がツルッとして見える。

❷成長すると葉に「長い柄」がつく。

❸花色は「白～淡い紫色」。

爽やかな味わいの高級食材

新芽は天ぷら、お浸し、煮物、炒め物、和え物、椀物などに。葉柄もお浸し、和え物、煮浸しなどに。クセのない美味しさと、独特のヌメりやみずみずしい食感がたまらない。

それは美しい高級食材

ギボウシの仲間は、「うるい」とも呼ばれ、高級和食店で美しい絵皿に盛られるほどの食材。なかでもオオバギボウシは噛むほどに豊かな野趣を楽しめる佳品である。

その近くにはそっくりな猛毒草たちが生えており、うっかり間違えて食べてしまうと、わたしたちの生命を根こそぎ奪ってゆく。

花期は７～８月

新芽

まず、気軽に安全にオオバギボウシを楽しむなら開花期がオススメ。雑木林のまわりや林内などで、美しくも大きな葉を自慢げに広げているのでよく目立つ。高級和食の食材には、葉を支えている〝柄の部分〟を使う。つけ根のあたりから収穫したら大きな葉は切って捨てる（強い苦味があることが多いからである）。

お湯を沸かし、ひとつまみの塩を入れて葉の柄を茹でる。お湯から上げ、水にさらしたら、辛子マヨネーズなどで楽しんだり、だし汁で煮浸しにすると美味。

茹で時間と水にさらす時間を調節して、ナマに近い食感と風味を残すのがポイント。特有のヌメりと心地よい歯ごたえに思わず顔がほころぶ。長く付き合える食材である。

花の姿は猛毒草とまるで違うので、まずはこの時期を狙って楽しんでみたい。

新芽

コバギボウシ　多年草

Hosta sieboldii

利用：新芽、葉柄

収穫：春、初夏

分布：北海道〜九州

居所：小川の縁、田んぼなど

特徴

❶新芽の姿は「折りたたみ」がなく、表面がツルッとして見える。

❷成長すると葉に「長い柄」がつく。

❸全体的に小柄で花色は「青紫系」。

上品な食感と風味が魅力

お浸し、煮物、炒め物、和え物、椀物など、応用範囲は広い。

さらに美味しく食べるには、味つけを薄めに。分量にも気をつけたい。小鉢に盛るくらいがちょうどよく、家族や友人で楽しむなら4〜5本もあれば十分。

本種には嬉しいオマケがあり、ビタミン類のほか、抗菌・抗腫瘍効果を示す特殊なステロイドサポニンが含まれるようだ。

さて、これが美味しいシーズンはもうひとつ。〝春の新芽〟である。少しばかり土を掘って、茎が白っぽい部分から切り取ったら同じように調理する。ほろ苦さを帯びるのだけれど、天ぷらにすると絶品。手軽な和え物、お浸しも最高。けれどもこの美味しい新芽の姿が猛毒草とそっくりなのだ。

もうひとつの美味

小川の縁や田んぼの用水路ではコバギボウシたちも顔を出す。草丈は30〜40cm。

タチギボウシ。北海道や北日本の水辺にいる。コバギボウシとそっくりだが花つきがまばら。西日本ではそっくりなミズギボウシが育ち、やはり食用とされる

花期は７～８月

初夏に咲く花は淡い桔梗色。涼しげで流麗な花は夏の水辺によく映える。こちらも美味しい山菜で、春の新芽や初夏の葉柄をオオバギボウシと同じ要領で楽しめる。

ありがたいことに日本はギボウシの名産地で、12種以上も野生する。食用とされる種族は地域ごとに違い、たとえば北日本ではコバギボウシとそっくりなタチギボウシも食用にされてきた（上図左）。

ギボウシたちが元気に育つ場所は、動物たちにも心地がよい。夏の陽射しが弱く、水気があり、爽やかな風が吹き抜ける——最良の環境で育ったギボウシほど風味は格別。

よく知る人はこうした環境に狙いを定めて収穫にゆくが、熟練者でもうっかりミスを誘われ、中毒を起こしてきた。

ギボウシとよく取り違えられる、危険な猛毒草の素顔は次のとおりである。

ヤバイ

新芽

バイケイソウ　多年草

Veratrum oxysepalum var. *oxysepalum*

分布：北海道、中部以北

居所：山地（本州）、
山地・平地や丘陵の林内（寒冷地）

特徴

❶新芽は「強く折りたたまれ」、表面に「折り目」が浮かぶ。
❷成長しても葉に「柄」はない。
❸花色は「クリーム系〜緑系」

生命を脅かす猛毒草

「ギボウシの仲間」や「ギョウジャニンニク」とよく似る。加熱調理しても毒性は強く残り、食後30〜60分ほどで激しい中毒症状を発症。誤食が疑われる場合、すみやかな救急搬送と救命処置が不可欠。

美味しそうな猛毒草

バイケイソウの新芽は、見るからに「摘みやすくて食べやすそう」。

これがとんでもない猛毒草で、ほんのわずかな量でも命にかかわる。２０２３年４月、仙台でギボウシの新芽と間違えてバイケイソウを食べ、入院する事故が発生するなど、中毒事故が散発している。

バイケイソウは、花が梅に、葉が蕙蘭《けいらん》に似ているのでその名がある。花にはグリーンのストライプが浮かび、ぽてっと太った黄色い葯《やく》が六角形に配置された姿は、大人の渋さにあふれ、美しい。ギボウシの仲間の花とはまるで違うので見分けがつく。おもな住まいは標高が高め（たとえば７００ｍ以上）の山中だが、寒冷地では低地にも現れるので気が抜けない。

オオバギボウシの新芽（旬）

ギョウジャニンニクの新芽（旬）

花期は７～８月

湿った草むらや林床を好み、しばしば濃霧が立ち込める妖しい領域で群れている。

本種はジェルビン、ベラトラミンなど複数のアルカロイドをこさえ、なかでも激烈なのがプロトベラトリン。

もしも間違って食べてしまうと、わずか30分ほどでひどい嘔吐、下痢、めまいに襲われる。重症化すると血圧降下、意識混濁して絶命する（致死量は乾燥根で数gと言われる）。

かつてはこの根茎を催吐薬、血圧降下薬として応用したが、副作用が強烈なため使われなくなった。

春先の新芽がギボウシ類やギョウジャニンニク（上図左下、44～45ページ、47ページ）と雰囲気がそっくりなので非常に厄介。

ギボウシの仲間を探すときは「見分けのポイント（19ページ）」をしっかり覚えておく必要がどうしてもある。

ヤバイ

新芽

コバイケイソウ　多年草

Veratrum stamineum

分布：中部以北

居所：山地（本州の亜高山〜高山帯）、山地・平地や丘陵の林内（寒冷地）

特徴

❶新芽は「強く折りたたまれ」、表面に「折り目」が浮かぶ。
❷成長しても葉に「柄」はない。
❸花色は「クリーム〜白系」。

致死性の猛毒を抱く

「ギボウシの仲間」、「ギョウジャニンニク」とよく似る。強毒性や中毒症状はバイケイソウと同様。ギボウシ類と隣り合って生えていることも多いため細心の注意が必要。ギボウシ類なら「美味しい葉の柄」があるけれど、本種らにはそれがない。

山の中には似たものがたくさん

コバイケイソウも、新芽の姿がギボウシの仲間とよく似ている。

山菜採りに慣れていても「うっかりミス」を誘われて、コバイケイソウによる中毒が散発している。

冷涼な高山や寒冷地なら低地の雑木林にたくさんいて、こうした環境ではギボウシたちがすぐ隣り合って住んでいる。ギボウシの収穫を楽しむ合間に、ひとつでも間違えて採ってしまえばもう大変。

新芽で見分けるポイントは、葉の凹凸を見れば簡単である（左図）。バイケイソウとコバイケイソウの新芽は、葉の表面にヒダ状の折り目がくっきりと浮かぶ。

コバイケイソウの有毒成分や中毒症状はバイケイソウとほぼ同じ。大変危険である。

花期は6〜8月

どちらも中部地方から北に分布しているため、この地域にお住まいの方々は要注意。それ以外の地域でも、また違った猛毒草が住むので気は抜けない。

自然世界は、どういうわけかよく似た山菜と猛毒草を同じ環境で育てることを好むのである。

けれども人もたいしたもので、五感がどんどん冴えてゆく。微妙な違いすら見事に察知できるようになるからおもしろい。

見分けのポイント

新芽の葉

① ギボウシの仲間の新芽は全体的にツルッとした印象。葉の表面に浮かぶ凹凸はごくわずか。

② 猛毒のバイケイソウ、コバイケイソウの場合、新芽の葉は「ヒダ状の折り目がとても深く」、凹凸がはっきりと浮かぶ。

バイケイソウ

オオバギボウシ

コバイケイソウ

凹凸がくっきり

コバギボウシ

凹凸はごく浅い

春の山野はマジでヤバイ！身近に潜むトリカブトの恐怖

「トリカブト」は意外なところに生えていて、地域によっては身近な存在。それとは知らずにそっくりな有名山菜と間違えて、生命にかかわる重大事故が頻発。要注意。

うまい

モミジガサ

ゲンノショウコ

ヤバイ

ウマノアシガタ

ヤマトリカブトなど
トリカブトの仲間

ニリンソウ。北海道から九州にかけて分布し、新芽・若葉が食用となる。猛毒のトリカブトと非常に似るため重大事故が発生している

有名だけれど意外と普通

ニリンソウは〝早春の美味な山菜〟として人気が高い。平地から山の林内、小川の縁などでよく見かける。この新芽や若葉が美味しいと言われるが、その姿、トリカブトとうりふたつで、熟練の山菜採りでも間違えて命を落としている。その味わいは拍子抜けするほど〝普通〟である。

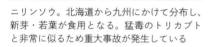

うまい

若葉のころが収穫期

花期の姿

モミジガサ　多年草

Parasenecio delphiniifolius

利用：若葉の時期の地上部

収穫：春

分布：北海道〜九州

居所：丘陵や山地の林内など

特徴

❶春は葉の表面に「白い毛」が目立つ（葉が開くと白毛は目立たなくなる）。

❷花は白〜クリーム色。開花は８〜９月。

噛むほどに深まる香味

春の新芽をお浸し、和え物、椀物、天ぷらで。農産物直売所などでも購入できる。

有名だからやっぱり美味

一方、モミジガサという種族はとても美味しく、山菜好きにはたまらない。シドケ、キノシタなどの名で各地で販売される。

山野の斜面や道ばたにぽこぽこと生え、葉がまだ開き切らず、傘をすぼめたような状態が最高。噛むほどに変化する豊かな香味と歯ざわりがたまらない。もしも傘が開いても、やわらかなものなら十分美味しい。

このモミジガサを狙って山に入り、トリカブト中毒で搬送される事故が絶えない。

モミジガサの若葉には、その表面に目立つ白毛がある（トリカブトはツルツルするが例外もある）。

また新芽を摘んだとき、モミジガサなら強い香気があるのだけれど、トリカブトではちょっと青臭いだけ。しかしモミジガサと前

うまい

ゲンノショウコ　多年草

Geranium thunbergii

利用：地上部

収穫：初夏～秋

分布：北海道～九州

居所：道ばた、草地、雑木林など

特徴

❶花は白～紅色。開花は7～10月。採取するなら「花の時期」に。
❷茎や葉に「毛」が目立つ。
❸葉の表面に「赤紫色」の斑紋が見られることが多いが、ない個体も少なくない。葉の見た目に変化が多く、有毒なウマノアシガタの葉（これも変化が多い）と特徴が重なることも多く、細心の注意が必要。

上品な食感と風味が魅力

天ぷら、お浸し、和え物などに。

述したニリンソウの収穫は、山の植物に相当慣れてからの方がよい。

とても可愛い有名生薬

ゲンノショウコは山菜として、特に生薬としての人気が高く、各地で収穫を楽しむ人が多い。その一方、春の葉がトリカブトと似ているため中毒事故が起きている。

ゲンノショウコには豊富なタンニンのほか、ゲラニイン、クエルセチンなどが含まれ、健胃、腹痛の緩和、下痢止め、便秘の改善、ときに強壮薬として活躍する。腫れ物やしもやけなどには外用もされるなど、家庭の万能薬として重宝されてきた。

こうした作用が最高潮となるのは〝開花期〟である。葉の時期は、さまざまな植物と間違えやすく、恩恵もうっすらだが、愛らしい花が咲けば見分けは簡単。なにも危険な時期に、

ヤバイ

ウマノアシガタ　多年草

Ranunculus japonicus

分布：全国

居所：草地、丘陵、山地など

特徴

❶花は黄色でツヤツヤと美しく輝く。

❷茎葉《けいよう》に「毛」が目立つ。

❸葉の切れ込みがシャープな雰囲気。葉の表面に「赤紫色」の斑紋はない（まれに赤紫の斑紋を浮かべる個体もある）。

若苗はゲンノショウコとうりふたつ

ゲンノショウコのほか、さまざまな山菜、薬草と間違えられる。中毒症状は吐き気、胃痛、下痢など。

命を賭して挑戦する必要はまったくないわけである。

こっちを食べると腹痛が

植物を見分けようとするとき、「毛」をチェックするという習慣があると素晴らしい。

たとえばゲンノショウコの茎を見ると毛むくじゃらであるが、トリカブトの仲間はツルツルしているのが一般的（例外あり）。

しかしウマノアシガタという有毒植物にも注意が必要である。葉の姿がゲンノショウコとそっくりで、しかも茎に毛を生やしているから実に困る。

ありがたいことに「花」を見ればまるで違う（上図上）。

ゲンノショウコに興味をもった方は、前述したように「収穫するなら開花期に」と覚えたい。開花期の全草を何度も見ているうちに、有毒

ヤバイ

ヤマトリカブト　多年草

Aconitum japonicum subsp. *japonicum*

分布：関東～東海地方

居所：丘陵、山地

特徴

❶花が特徴的で覚えやすい（花期は山地なら夏、低地だと秋。開花時に場所を覚えておくとよい）。

❷茎葉に目立つ毛がない（ただし、地域によっては毛がある種族も）。

❸葉の表面に「白い斑紋」がある場合も。葉の形態は変化に富み、非常に悩ましい。

世界でも最凶級の猛毒草

ニリンソウ、ゲンノショウコ、モミジガサ、ヨモギなど、さまざまな山菜、薬草と間違えられる。特に新芽や葉姿のころが危険。

なウマノアシガタやトリカブトとの微妙な違い（立ち姿や葉の表面の模様など）を〝見抜く感覚〟が冴えてくる。

〝猛毒の王〟の破壊力

トリカブトの毒は、世界でも屈指の猛毒を誇る。ヒトの推定致死量はわずか0・1㎎（1gの1万分の1）とも言われ、解毒薬も存在しない。近年は救命率も高くなっているが、患者の苦痛は熾烈を極める。

致死量を超えて摂取しても即死は不可能。長い時間、死苦にも勝る地獄を味わう。

日本にはおよそ20種類ほどが住み、無毒のものもあるが、基本的に猛毒。園芸種であってもトリカブトの仲間であれば遜色ない猛毒草で、気軽な栽培は危険である。

厄介なのは、住む地域によって色や形を気ままに変えるため、見分けるのが非常にむつ

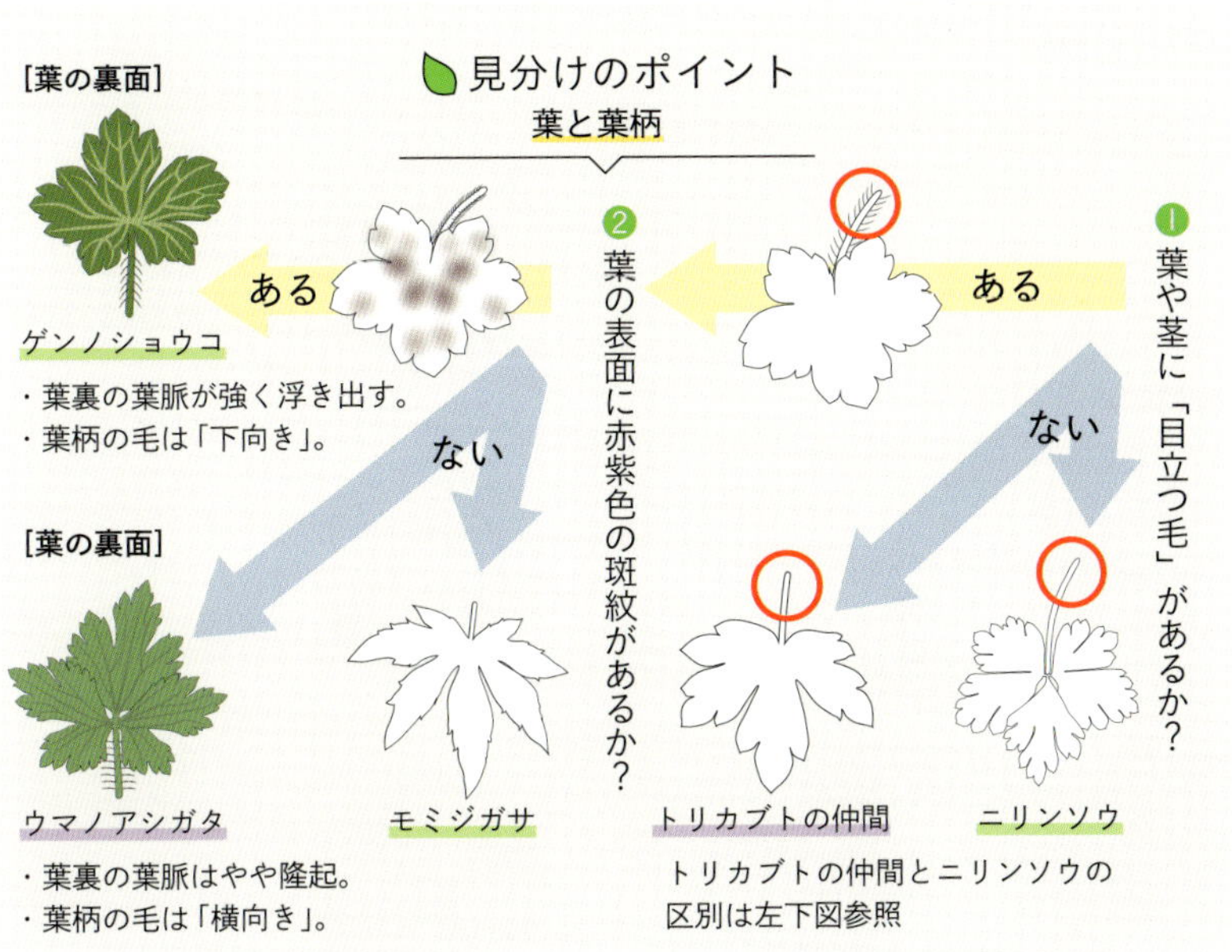
見分けのポイント
葉と葉柄
① 葉や茎に「目立つ毛」があるか？
ある
ない
② 葉の表面に赤紫色の斑紋があるか？
ある
ない
[葉の裏面]
ゲンノショウコ
・葉裏の葉脈が強く浮き出す。
・葉柄の毛は「下向き」。
[葉の裏面]
ウマノアシガタ
・葉裏の葉脈はやや隆起。
・葉柄の毛は「横向き」。
モミジガサ
トリカブトの仲間
ニリンソウ
トリカブトの仲間とニリンソウの区別は左下図参照

かしい。宅地のそばにも自生する地域があるので気が抜けない。

猛毒のアコニチン、メサコニチンなどのアルカロイドは全草に含まれ、花粉や蜜すら危険。この毒性、家庭の加熱調理ではほぼ変化せず、致死性の猛毒を発揮する。「見分け方」の知識が生死を分けるのだけれど、実際の自然界では地域ごとに例外が多く存在するため、簡単にはゆかない。

最終的には「自分のリスク感覚」に委ねられる。

それはつまり「悩んだら、手をつけない」。

ニリンソウとトリカブトの仲間の違い（一例）

ニリンソウ

地面から複数の茎を伸ばしてくる。根は細長い円筒状に伸びる

トリカブトの仲間

太めの茎が１本立って、葉はそこから派生する。根はまるまる太った紡錘状になる

フキノトウの魅惑と危険！安全に楽しむひと工夫

美味しいフキノトウを求め、自然が豊かな山野へおもむく。収穫に熱中するあまり、うっかり違うものまで。そちらは山野の猛毒草。事故続出。

うまい

フキ（フキノトウ）

ツワブキ

ノブキ

ヤバイ

ハシリドコロ

フクジュソウ

ぽこぽこ生えたらぽくっともぎる

早春の野辺。いまだ寒風が吹きさらし、頬もこわばる里山で、彼女たちはぽこぽこと顔を出す。日あたりがよい渓流や小川のそばに好んで育つが、市街地にもたくさんいる。生命力はとんでもなく強く、根を植えればどこでも育つ。フキノトウのシーズンは、よく似た毒草で事故が起きている。

うまい

フキ（フキノトウ）　多年草

Petasites japonicus subsp. *japonicus*

利用：新芽、葉柄

収穫：春（新芽）、夏（葉柄）

分布：本州〜沖縄

居所：宅地、雑木林、山地

特徴

1. 新芽（苞葉）は明るい黄緑系。ツヤはなく、手触りはやわらか。苞葉をめくるとつぼみが見える。
2. 収穫したとき「フキらしい強い香り」がある。

「孤高の苦味」がたまらない

天ぷらやフキ味噌にしたり、汁物に刻んだフキノトウをふりかけたり。フキには雄株と雌株があるけれど、利用法は一緒。

雄株

雌株

フキノトウの収穫は、指先で根元を押さえ、ぽくっともぎる。なかなか小気味よく、収穫はとても楽しいひと時になる。

フキ味噌は酒の肴にご飯のお供に絶品であるし、シンプルな天ぷらでも抹茶塩で食べれば幸せいっぱいに。

夏は違った楽しみ方も。大きく育った葉を収穫したら、葉の柄の部分だけを残す。お湯を沸かしてひとつまみの塩を加え、柄がやわらかくなるまで茹でる。お湯から上げ、しばらく冷ましたら、皮をむき、冷水に一昼夜浸けておく。これをだし汁、砂糖、みりん、うすくち醤油で味を調え、煮物を作ればもう絶品。

ビタミンB、C、カロテン、カルシウムなどが豊富で、健胃薬、カゼ薬（解熱、鎮咳《ちんがい》、去痰）として「庭先の薬箱」と愛されてきたが、食べすぎは禁物。内臓を痛めることが知られてきたのでご用心を。

ツワブキ　多年草

Farfugium japonicum

利用：若葉、茎、葉柄、つぼみ、花

収穫：ほぼ通年

分布：福島県以南～九州

居所：海浜地帯、雑木林、宅地

特徴

❶葉はツヤツヤ。傘のように大きく開く。

❷開花期は「秋～冬」。花は黄色。

手軽な季節の楽しみ

各部位を天ぷら、お浸し、炒め物、煮物などで。

色香も素敵な家庭薬

その見た目はフキの葉とそっくりだけれど、葉がツヤツヤして、冬に大きな花を咲かせる種族がいる。ツワブキという。

野辺のほか、民家の庭、寺社仏閣などに植えられることが多い。若葉、葉の柄、つぼみ、花などが美味しい食材となるほか、健胃薬、食中毒（魚類）の予防薬、皮膚疾患の改善などの民間薬として活躍してきた。とてもありがたい名薬として、人は一緒に暮らすことを望んできたわけである。

ウチワのような葉は、1年を通じてツヤツヤしているので（フキの葉はごわごわしてツヤはない）、見分けるのはとても簡単。

花が少ない冬に、美しい花を華やかに咲かせてくれるので、園芸植物としても大変愛されている。

うまい

ノブキ　多年草

Adenocaulon himalaicum

利用：新芽

収穫：春〜初夏

分布：北海道〜九州

居所：雑木林、丘陵、山地

特徴

❶葉の形はスペード形。葉の柄にヒレのような翼があるのも大きな特徴。
❷開花は「夏〜秋」。花は白色。

道ばたの珍味

新芽とやわらかな新葉を天ぷら、お浸し、和え物、煮物、炒め物などで。

花期の姿

結実

道ばたの〝密やかな楽しみ〟

実はもうひとつ、野辺には隠れた佳品がある。ノブキという。

丘陵や山の道ばたに、フキの葉のようでありながら「なんだかちょっと違うかも」という微妙なお姿をしているものがいる。

夏から秋に開花するが、すると明らかにフキではないと分かる。

結実の姿も特徴的で、フキは綿毛をこさえるけれど（雌株の場合）、ノブキは棍棒みたいな結実を同心円状に並べ、民芸品みたいな愛嬌のあるデザインになる（上図右下）。

食えぬやつかと思いきや、この若葉を天ぷらなどで食べると、思ってもみなかった風雅な味わいにびっくりする。

一般には知名度が低く、これを狙って収穫する競争相手もまずいない。

ヤバイ

ハシリドコロ　多年草

Scopolia japonica

分布：本州〜九州

居所：丘陵、山地

特徴

❶新芽は暗い赤紫色。強いツヤを帯び、感触は冷たく硬い。
❷新芽の外側の葉をめくっても葉っぱしかない（フキの場合はつぼみが見える）。
❸摘んだとき、フキの強い香りはない。

ほろ苦くて美味しい猛毒草

おもにフキ類と間違えて事故が多発。新芽のシーズンは特に危険。

ちょっと見た目が美味しそうで

猛毒草のハシリドコロは、さまざまな山菜と間違えられ、毎年どこかでだれかを集中治療室へと送り込む。誤食の帝王である。

特に多発するのが、早春、ハシリドコロの新芽をフキノトウだと思って食べてしまう重大事故。加熱調理をすると「ほろ苦くて美味しい」らしく、多くの重症患者は発症するまで気がつかない。

症状は、猛烈な嘔吐、めまい、下痢、痙攣のほか、言語障害、記憶障害、幻覚症状を起こすことが知られてきた。

山野の林内、小川のそばで群れていることが多く、すぐそばにはフキやギボウシ類（12〜15ページ）がいる。なぜかセットで生えることが多いため、よく知らない山野での山菜採りは絶対に避けたい。

ヤバイ

フクジュソウ　多年草

Adonis ramosa

分布：北海道〜九州
居所：丘陵や山地の林内、宅地周辺

特徴

❶新芽は「黄色〜赤茶色」系。ツヤがあり、感触は硬い。
❷新芽の外側の葉をめくると黄色い花びらが出てくる（左図左下のものはまだ緑色。少しずつ黄色に色づき始めたところ）。
❸摘んだとき、フキの強い香りはない。

まさに紙一重の薬・毒草

本種はむかしから「庭に植えるべからず」とされた。家人がフキノトウと間違えて中毒を起こすからである。栽培する場合は鉢植えなどで。確実に隔離したい。

分かりやすい特徴としては、新芽をもぎったとき「フキの香りがない」。

庭や菜園でもご用心

フクジュソウは、ありがたい名前（福寿草）とは裏腹に、強毒をもつ毒草。庭や家庭菜園に植えてしまい、春にフキノトウと一緒に採取して中毒する事故がある。

かつては心臓病の妙薬とされたが、全草に強心配糖体のシマリンやアドニトキシンを含み、摂取すると呼吸困難、心臓麻痺を引き起こす。くれぐれもご注意を。

見分けのポイント

新芽とつぼみ

❶フキの新芽は「明るい黄緑色」。葉っぱをめくると「小さなつぼみ」がたくさん見える。

❷フキの新芽を摘むと強い「香り」がする。

この両方に該当しなければ「フキではない」。

美容と健康で人気のヨモギもよく似た〃毒草〃にご用心

ヨモギにも美味しいものがたくさん。味わいと楽しみ方のバラエティーも豊富。けれどもヨモギの利用法や、よく似た毒草にはご用心を。

うまい

ヨモギ

ニシヨモギ

オオヨモギ

ヤバイ

クサノオウ

トリカブトの仲間
(24～25ページ)

香りが強く、刺激も強い

お灸のモグサから餅、団子まで――むかしから楽しまれてきたヨモギは、民家の周辺、道ばた、土手など、いたるところにいる。

ヨモギのみずみずしい新芽は、早春の陽を浴びてシルバーグリーンに輝く。その香りは何物にも代えがたく、料理の一品に加えれば野の世界が身体に優しく沁みわたる。

うまい

ヨモギ 多年草
(カズザキヨモギ)
Artemisia indica var. *maximowiczii*

利用：新芽、葉
収穫：春(新芽)、初夏(若葉)
分布：本州～九州
居所：道ばた、荒れ地など

特徴

❶茎葉にはよく目立つ白毛がある。葉の裏も灰白色の綿毛あり。
❷葉に「仮托葉《かりたくよう》」がある。
❸秋に咲く花(頭花)は細長いツボ形。

香り高く、絶妙なほろ苦さ

新芽、若葉は草餅、草団子、天ぷら、お浸し、和え物などのほか、各種料理のソースや香りづけにも。過食、連続使用は避けたい。

「まさか、そんな」とあなたは一笑するやもしれぬが、トリカブトをヨモギだと思い食べてしまう事故が確かにある。それは春先、収穫のシーズンに起こる。

この時期のヨモギの葉色はシルバーグリーンで、全草がやわらかな「うぶ毛」に覆われる。一方のトリカブトは緑色でツルツルする（37ページ図）。しかしなにより重要なのは〝香り〟を確かめること。ヨモギには高貴な香気があるけれど、トリカブトは青臭いだけ。

さて、ヨモギ自体にも注意点がある。

食べすぎたり、そもそも身体に合わなかったりすると、不快な中毒症状を起こす。タンニン、α－ツヨンなど刺激が強い成分が豊富で、頭痛、吐き気を誘うことがある。一方、適量で身体に馴染めば、薬用（鎮痛、消炎、細菌感染性の腹痛・下痢の緩和など）として暮らしの一助になってくれることも。

ニシヨモギ 多年草

Artemisia indica var. *indica*

利用：若葉、葉

収穫：春（若葉）、初夏（葉）

分布：関東以西～沖縄

居所：道ばた、荒れ地、草地など

特徴

❶茎葉にはよく目立つ白毛があり、およその特徴はヨモギと同じ。

❷葉に「仮托葉」がある。

❸8～11月に咲く花はツボ形で、ヨモギよりひとまわり以上大きめ。

マイルドな大人の香味が魅力的

料理法はヨモギと同様。普通は香りが豊かで苦味やエグ味が少ないが、たまに苦味が強いものもあるという。味見をして口に合えば調理に進みたい。

いつもと違う〝芳香〟と〝香味〟

ニシヨモギという種族は、普通のヨモギとはまた違った素晴らしい香味をもつ。沖縄ではフーチバーと呼び、郷土料理の食材として愛される。

関東周辺でも見つかるため、ヨモギ摘みを楽しむ方はきっとすでに味わっているかもしれない。

見た目の特徴は「ほぼヨモギと一緒」。香気が違い（ヨモギと比べれば優しくマイルド）、花の大きさがひとまわり以上大きい。あとは「旬」が違う。

ヨモギは初夏を過ぎると、薬用としては有用だが食用には不向き。苦味エグ味がぐんと増してしまうから。ニシヨモギは風味がマイルドなため、葉が大きく展開しても食べやすいままでいてくれる。

うまい

オオヨモギ　多年草

Artemisia montana

利用：若葉、葉

収穫：春（若葉）、初夏（葉）

分布：北海道〜近畿以北、九州

居所：雑木林、丘陵、山地

特徴

1. 葉は大きく展開し、切れ込みが深い。
2. 仮托葉（左図）は普通ない（ヨモギにはある）。
3. 秋の花は「釣り鐘形」〜「ツボ形」。ヨモギよりひとまわり以上大きめ。

豊かな芳香でリフレッシュ

若葉を天ぷら、お浸し、和え物などに。入浴剤として使う人も多い。ナマの葉を使ってもよいが、乾燥させると香気が増して有効成分も出やすい。

また違った〝装い〟と〝味わい〟

オオヨモギは丘陵や山地にゆくと逢える種族で、もしもお住まいが寒冷地なら平野部でも見かけるだろう。

名前のとおり葉がとても大きく、切れ込みも鋭くズバッと深め。

仮托葉の有無（上図左下）でヨモギと見分けることができる（例外もあり、小さな仮托葉をもつオオヨモギも出現する）。

食用にもなるが、薬用の方が有名で、下痢や腹痛の鎮痛薬、外傷の止血薬などにされるほか、香りのよい入浴剤として人気が高く、各地で栽培・販売される。

日本には地域ごとに多彩なヨモギが住んでいるけれど、実は安全に利用できるものはごく限られている。確実に分かるものだけを摘み、少しでも悩んだら、そのまま通り過ぎたい。

ヤバイ

クサノオウ　越年草

Chelidonium majus subsp. *asiaticum*

分布：北海道〜九州

居所：道ばた、草地、荒れ地など

特徴

❶全草が白い毛に覆われる。葉のフォルムは全体的に丸っこい（ヨモギはやや鋭く切れ込みがシャープな印象）。

❷茎の毛は横方向にピンと立ちトゲトゲしい印象がある（ヨモギの茎の毛はやわらかく寝そべるように生える）。

❸切り口から「黄色い乳液」が出る。

かつて名薬いま毒草

早春のヨモギ摘みの際、取り違えに注意したい。採取したとき黄色い乳液が出るので間違いに気がつきやすい。

ヨモギのつもりで腹痛にうめく

ヨモギのそばには、ちょっと似ている毒草がよく生える。クサノオウである。

早春の時期、やわらかな「うぶ毛」を生やし、地面からもこもこと生えている姿がちょっと似ており、ヨモギと間違える方がいる。

クサノオウの葉をちぎると、オレンジ色した乳液がじわりと浮き上がる。この乳液、かつては鎮痛薬として利用されたが、胃腸の粘膜をひどく傷つけるという副作用が強く、いまや滅多に使われなくなった。

ヨモギはこうした乳液を出さないし、見慣れてくれば葉の形や毛の生え具合の違いで、すぐに気がつくようになる。

クサノオウは身近に多く、花の時期はよく目立つ。このときちらっとでも葉の形に目を配り、慣れておけば安心である。

トリカブトの葉（裏面）

ヨモギの葉（裏面）

ヨモギのつもりで病院送り

ここでふたたび念のため、ヨモギの若葉とトリカブトの若葉を比較してみよう。

まず注目したいのが「うぶ毛」の存在。そしてなによりも「香り」。

ヨモギであれば、ふわふわとやわらかな毛に覆われ、ちぎったときに豊かな芳香がある。もしも青臭いだけならトリカブトなどの別種と思われる。

特に自然度が高い場所では気をつけたい。

見分けのポイント
茎と葉

❶ ヨモギの茎葉には「目立つ毛がある」。

❷ ヨモギの葉ならちぎったときに「強い香り」がある。青臭いだけだったり、白や黄色の「乳液」が出たりするのは別種。

あまり知られていないが、地域によっては葉や茎に毛が多いトリカブトの仲間が存在する。「香りを確かめる」ことがなによりも重要になるのはそのためだ

セリ摘みで腹痛を誘う毒草、天国へ誘う猛毒草

世界的な猛毒草「ドクゼリ」と春の七草の「セリ」。見分け方に悩む人は多く、あまり知られていない重大なリスクも。身近にはさらなる毒草たちも息を潜めて。

うまい

セリ

ヤバイ

キツネノボタン

ケキツネノボタン

ドクゼリ

うまい

セリ 多年草

Oenanthe javanica subsp. *javanica*

利用：新芽、茎葉、根

収穫：春（新芽）、初夏以降（根）

分布：全国

居所：田んぼ、池沼、小川の縁など

特徴

1. 茎・葉柄は角ばり、目立つ毛がなくツルッとする。ちぎると強い香りが立つ。
2. 花は白色。ボール状にまとまって咲く。
3. 株元はふくらまず、根も細い。

食欲そそる美食の恵み

セリご飯、お浸し、炒め物、和え物、椀物など守備範囲は広い。「白い根」が香味豊かで、お浸し、漬け物、炒め物にすると絶品。

香り高き春の七草

田んぼ、湿地、小川の縁など、セリは水気がある場所に好んで育つ。春になると競り合うように新芽を伸ばす。その様子からセリ（競り）の名がついたとも。

新芽が伸びてきたらセリの旬。優しい味を求めるなら水辺のセリを、野趣の香味を楽しむなら田んぼのセリを摘むとよい。

根の部分（両方ともセリ）

香味が豊かなものを選んで採ったら、セリご飯で楽しんでみてはいかがであろう。

よく水洗いして細かく刻み、炊飯器で炊いたご飯にふりかける。炊飯器のフタを閉じてよく蒸らせば、贅沢な香りに満ちた美しいセリご飯のできあがり。この香り、嗅覚と味覚神経を刺激して胃液の分泌を促進する。正月にセリ入りの七草粥を食べるのは、疲れた胃腸を整え、ビタミンを補給するためでもあるが、まずはセリの香気で食欲を誘う——とても理にかなった知恵である。この香味、実は白い根っこがとりわけ素晴らしく、しかも1年を通して収穫できる。

茎葉《けいよう》は秋から春にかけてが旬で、むかしは「もうカッコウが鳴いたからセリ摘みはおしまい」と言われた。つまり5月を過ぎると硬く筋張ってしまい、香りもうっすら。

そして、よく似た毒草たちにも注意したい。

ヤバイ

キツネノボタン（赤い線で囲んだ部分）とセリ

キツネノボタン　多年草

Ranunculus silerifolius var. *glaber*

分布：全国

居所：田んぼ、水辺、草地など

特徴

❶茎や葉に白い「うぶ毛」をまばらに生やす。葉もずんぐりと大きく、ちぎってもセリの香りはまったくない。

❷セリと隣り合って生えることがよくある。

❸黄色の花には光沢がありよく目立つ。

愛らしい“胃腸の破壊者”

セリ、ヨモギの群落に混ざって生える。誤食すると胃腸の粘膜が傷ついて腹痛、下痢を起こすほか、ちぎったときに出る液汁は皮膚炎を起こしやすい。早めに流水で洗い流すとよい。

すぐそばにいる伏兵

事故の多くはキツネノボタンの仲間たちを一緒に摘んで食べてしまうことにある。

この仲間は、春になるとツヤと愛嬌にあふれた黄色い花をぽこぽこと咲かせる。この時期であればセリとの区別は簡単だが、新芽の時期がちょっと悩ましい。

セリが群れて育つ場所――たとえば田んぼなら、その合間に伏兵のように潜んでいることがとても多い。セリと一緒にこの葉も採って、食べてしまうと次のようになる。

消化器官の粘膜部が破損して、キツい腹痛や下痢を起こす。葉に含まれるラヌンクリンという成分が、酵素反応でプロトアネモニンに変化すると、細胞や心臓に毒性を示すようになる。切り口から出る液が皮膚についても炎症や水ぶくれの原因になる。

ヤバイ

ケキツネノボタン　多年草

Ranunculus cantoniensis

分布：本州～沖縄

居所：田んぼ、水辺、草地など

特徴

❶葉の形はキツネノボタンと少し違ってシャープな印象。
❷茎や葉の毛の量がとても多い。
❸黄色の花には光沢がありよく目立つ。

地域によってはこっちが多数派

温暖な地域ではこちらが多く見られる。「セリとの見分け方」や「毒性」についてはキツネノボタンと同様。毛の量が目立って多いので見分けやすい。

キツネにつまれないために

美味しいセリと、有毒なキツネノボタンの仲間たちをしっかり見分ける、もっともシンプルな方法は「香り」。セリにはお馴染みの素晴らしい芳香があるのだけれど、キツネノボタンの仲間にはまったくない。

また採取するとき、葉の柄や茎を見てから採ると大変よい。

美味しいセリは、茎や葉の柄に毛はなく、ツルッとツヤやか。

一方、有毒なキツネノボタンの茎や葉の柄は「うぶ毛」に覆われ、これとよく似たケキツネノボタン（有毒）はさらに毛まみれとなる。

自宅で水洗いをするときも「毛の有無」のチェックを忘れずに。

ただし、この見分け方には致命的な例外がある。猛毒草ドクゼリとの区別である。

ヤバイ

ドクゼリ 多年草

Cicuta virosa

分布：北海道〜九州

居所：湿地、湖沼、川辺など

特徴

❶株元に図太い根茎がごろっと転がる（セリにはない）。

❷葉が細長く伸びてシャープな印象（セリは寸詰まりで丸みを帯びる）。

❸初夏に咲く花は白。ボール状にまとまり、とても可憐。

触らぬ神に祟りなし

素手で触れるのは避ける。葉姿を「セリ」と間違える事故が起こるほか、太った根茎を「ワサビ」と間違える事故も（ドクゼリの根茎を切ると空洞が多いが、ワサビに空洞はない）。

中毒症状はもはや惨劇

ドクゼリは世界屈指の猛毒草で、国内外の中毒症例を見ると毒性は最悪の部類。

シクトキシンをはじめとする猛毒アルカロイドが豊富で、もしも間違って食べると嘔吐、腹痛、下痢から始まり、めまい、せん妄などの神経症状に苦しむ。まもなく強烈な痙攣が全身を襲い、これが長い時間、延々と続く。痙攣によって呼吸ができずに死亡するという、想像を絶する惨劇を招く。どうにか救命できても脳が酸欠気味になっていた場合、知能障害など深刻な爪痕を残すケースも知られてきた。

あまり知られていないが、この猛毒シクトキシン類は皮膚からもたやすく吸収される。つまり「素手で触れてはならない植物」でもある。

安全にセリ摘みを楽しむには、とにかく「よ

見分けのポイント

葉と茎

セリ

ドクゼリ

セリの葉柄（角ばる）

ドクゼリの葉柄（丸い）

1. 「葉の形（細長くシャープか、丸っこいか）」「茎や葉柄の形（丸いか、角ばっているか）」に違いがある。
2. セリに似た葉があり、根元が大きくふくらんでいるものはすべて避ける。

く知らない場所での採取は避ける」。

幸い、ドクゼリの自生地は限られ、冷涼な地域の湖沼や山地に点在するくらい。温暖な平野部ではまず見つからぬが、気をつけて損をすることはない。

見た目はセリとそっくりで、茎と葉の柄もツルッとしている。「香りがない」と言われるが、セリの弱い香気がある場合も。

水辺にいるドクゼリは、まるっと太った白い根茎を半分くらい丸出しにしている（セリの根茎はこのように太らない）。

またドクゼリの茎や葉の柄は「丸く」、セリの茎や葉の柄は「角ばる」。

葉の形も、ドクゼリは細長くてシャープで、セリは優しい丸みを帯びる。

とはいえ実際にはよほど見慣れぬと区別は困難。判断に迷ったら「採らない」。

美味しくて育てやすいけれど、間違えたら命取り

気軽に植えると一大事。ギョウジャニンニクが美味しいシーズンは可愛い〝有毒園芸種〟とそっくり。それら園芸種の毒性は激烈。生命をたやすく奪い去るほどに。

うまい

ギョウジャニンニク

ヤバイ

ドイツスズランなど
スズランの仲間

イヌサフラン

ギョウジャニンニク　多年草

Allium victorialis subsp. *platyphyllum*

利用：新芽、葉

収穫：春（新芽）、初夏以降（葉）

分布：北海道〜近畿以北

居所：亜高山〜高山の林内、草地など

特徴

1. 太くて平べったい葉は２〜３枚。すべて根元から生える。
2. 収穫時に強烈なニンニク臭が立つ。
3. 花は淡い黄色をまとう白。小花がボール状に固まる。

ニンニクを超越する香味

醤油漬け、お浸し、炒め物、パスタなど。強く加熱すると香りが飛びやすくなるが、飛んでもちょうどいいくらい。

大人の階段を一歩ずつ

これを食べると修行の妨げになる。行者は食べるべからず——こうした忠告がギョウジャニンニクという名前の由来になったとも。精力がみなぎり、煩悩が噴火するからである。

ときおりブームを巻き起こす植物で、身近な野菜と思っている方も少なくないと思う。もともとは亜高山に住まう高山植物で、寒

若苗。この時期に収穫してもよい

冷地では丘陵や平野部でも見られる。

この美味しい植物は、成長が極めて遅い。わざとそうする。大人の階段を、先を急がずひとつずつ登ってゆく。

タネをまいても発芽までに1か月もかかる。野生の場合、発芽から開花までは7〜8年。芽が出て5年ほどは1〜3枚の葉っぱだけで暮らし、外の様子をうかがいながら、しみじみと栄養を貯蓄する慎重派。

もっとも美味しい時期は5月。幾年もかけて充実した株が新芽を出したとき。茎葉が20〜30㎝ほど伸びたところを根元から採り、醤油漬けにする。お浸し、炒め物、ギョウザの具に加えれば、強烈なニンニクの風味とパンチのある辛味を堪能できる。

アリシンという成分がニンニクよりも豊富で、身体を内側から温めてくれる。これは確かに精がつく。食べるそばから汗もかく。

ヤバイ

ドイツスズラン 多年草

Convallaria majalis

分布：栽培種（ヨーロッパ原産）

居所：庭、庭園、道ばたの花壇など

特徴

❶葉は２枚だけ。根元から生える。
❷収穫しても「ニンニク臭がない」。
❸花穂《かすい》の高さが葉先と同程度の高さになる傾向がある（日本のスズランの花穂は葉先より下につく傾向があるが、例外も）。

可愛い顔した猛毒草

新芽の葉姿がギョウジャニンニクや野菜のニンニクと間違えやすいので要注意。菜園に植えるのは避けたい。

すぐそばにある天国への階段

身近に多いのがドイツスズラン。育てやすく、花が可憐で、香りの高さから香水の原料にされるほど不滅の人気を誇る。西洋では花の咲く姿からLadders to heaven（天国への階段）、Jacob's ladders（ヤコブの階段）といった愛称で呼ばれる。心臓にトドメを刺す猛毒草で、確かに食べれば天国への階段を無理やり登らされる。

根を伸ばして盛んに殖え、庭や菜園ではギョウジャニンニクの合間に割り込んでくる。若苗の姿がそっくりなため、うっかり誤食（天国への階段）を誘ってくる。

ドイツスズランが毒草であることは多くの方が知るところ。強心配糖体のコンバラトキシン、コンバラトキソール、コンバラマリンが全草に含まれ、特に花や根に多い（日本のス

ギョウジャニンニクの葉姿

ドイツスズランの葉姿

※野外や菜園でギョウジャニンニクを収穫するときは「香り」を優先して確かめたい。ギョウジャニンニクたちはその切り口から「強烈なニンニク臭」で自己主張してくれる

ズランも同様）。

誤って食べると、頭痛、嘔吐、めまいなどの神経症状に襲われ、最悪のケースでは心臓麻痺を起こして絶命する。

この猛毒成分は水と油によく溶け出す。花瓶にスズランの花を活けるのも実は大変危険なので避けておきたい。

スズランたちはすでに多くの庭や菜園に植えられてきた。ここにギョウジャニンニクを新たに植えることで誤食事故が起きている。両者を見分けるポイントは、とてもシンプルに「香り」の違い。

ギョウジャニンニクは強烈なニンニク臭があるけれど、スズランの仲間にはまったくない。

なお、春の山菜採りでギョウジャニンニクと間違えられやすいものに、前述のバイケイソウ、コバイケイソウ（16〜19ページ）がある。こちらも香りで判別がつく。

ヤバイ

イヌサフラン　多年草

Colchicum autumnale

分布：栽培種（地中海沿岸地域原産）

居所：庭、庭園など

特徴

❶葉は「細長く」伸びて、ゆるやかに波うち、くったりとしなだれる。夏に枯れ、秋の花の時期は葉がない。
❷花は淡いピンク。花びらは開き切らずカップ状に咲く。
❸収穫しても「ニンニク臭がない」。

致死率が高い猛毒草

新芽や葉の時期にギョウジャニンニクやニンニクと間違えて誤食される。球根をジャガイモやタマネギと間違えて食べてしまう事故も。

もうひとつの佳麗な階段

イヌサフランは、ヨーロッパや北アフリカを原産とする植物で、園芸店ではコルチカムという名で球根が売られる。

秋に鮮やかなピンク色をした大きな花を豪華に咲かせるので女性に愛される。男性の間では、球根をテーブルやデスクに転がしておくだけで開花することと、強烈な猛毒草への〝好奇心〟から人気を博す。

イヌサフランは春先に新芽を出して葉を広げるが、夏には枯れて消える。死んだかと思いきや、秋になると大きな花束を佳麗に広げる。色彩がよく映え、庭園を飾るにはうってつけ。放っておいても毎年それは律義に満開となる。

このイヌサフラン、あらゆる時期にさまざまな誤食事故を招く名物猛毒草でもある。

グロリオサの根

グロリオサ。華麗な植物で広く愛されるが、イヌサフランと同様の有毒成分があり致死率が非常に高い猛毒草。近年も死亡事故が起きている（2022年宮崎県、2020年鹿児島県ほか）。本種の場合、根をヤマノイモ（66～67ページ）と思い込んで食べる死亡例が多い

新芽の時期はギョウジャニンニクと間違えやすい。球根はジャガイモやタマネギと、花の時期はその雌しべがサフランのそれと誤解され、中毒事故が起きている。

コルヒチン、デメコルシンなどの刺激物質が存在し、誤って食べると強烈な嘔吐、下痢を起こし、重症化すると多臓器障害で死亡する。コルヒチンを含む毒草で中毒すると、致死率が非常に高い。治療中の苦痛も長く続き、後遺症も重い。

園芸店ではウォーター・リリーという仲間やグロリオサが売られるが、いずれもコルヒチンを含む猛毒草で、死亡事故が起きている。野菜や食用ハーブを育てる場所にこの子たちを植えるのは避けておきたい。

ひとまず、ギョウジャニンニクとの区別はとても簡単である。イヌサフランやグロリオサなどにニンニク臭はない。

事故多発の名物野草を安全に美味しく楽しむ秘訣

春に必ず起きてしまう「集団食中毒」。その原因が本種たちであることもまた少なくない。災禍から逃れるには、どこを見て、なにを感じるべきであろうか。

うまい

ノビル

ヤバイ

スイセン

タマスダレ

うまい

ノビル 多年草

Allium macrostemon

利用：全草（鱗茎・茎・葉・花・つぼみ・ムカゴ）

収穫：ほぼ通年

分布：北海道〜九州

居所：道ばた、耕作地周辺、草地など

特徴

1. 葉は細長い円筒形で断面は三日月形。
2. 葉をちぎるとネギのような香りがある。
3. 鱗茎は白色。強い香りがある。

全草が食欲そそる香味野菜

葉や花穂のつぼみはアサツキのような薬味となり、スープ、椀物、パスタに。鱗茎はさっと茹でて好みの味噌をつけ、シャクシャクと。ムカゴは浅漬け、醤油漬けなど。ムカゴを採取してまくと新芽が出るので栽培も簡単。

中毒患者続出の怪

オオバギボウシ（12〜13ページ）、アマドコロ（82〜83ページ）などは「山菜の女王」としてひときわ愛されるが、ノビルはさしずめ「誤食の女王」であろうか。ノビル自体はほとんど野菜感覚なくらい美味しいのだけれど、よく似た毒草がいくつもあり、そちらを食べて中毒する事故が多発する。

花穂。茶褐色の部分がムカゴ

鱗茎。全体が白っぽい

ネギやニラなど独特な香りがある仲間は蒜《ひる》と呼ばれた。ノビルという変わった名は野原に生える香りが強いもの（野蒜）という意である。

道ばたの草地や里山の田んぼのまわりで、細長いネギのような葉をわしゃわしゃと茂らせている。この葉には優しいアサツキのような香味があり、薬味として大活躍。地下にできる白い鱗茎《りんけい》は、強烈な香味にあふれ食欲をいや増してくれる。そのまま味噌をつけてシャクッと食べたり、あるいはすりおろして料理用ソースに加えたりしても美味しい。

花にも香味があり、そこに実る褐色の玉っころ（ムカゴ）もまた鮮烈な香味を宿し、醤油漬け、スパイスにするともう絶品。

身近に多く、強壮、鎮静、肩こりの緩和など民間薬としても活躍するため人気が高く、一方でよく似た毒草の存在を忘れがち。

ヤバイ

スイセン 多年草

Narcissus tazetta var. *chinensis*

分布：関東以西〜九州で野生化

居所：宅地周辺、荒れ地、草地など

特徴

❶葉は「平べったくて、幅が広い」。
❷葉をちぎっても青臭いだけ。
❸鱗茎は「濃い茶色」の外皮に覆われる。香りはない。

意外と「毒性、強め」です

葉のシーズンにノビルやニラの葉とよく間違えられている。「香り」を確かめることがとても重要。

まるで違うのに〝事故多発〟の怪

スイセンは、即効性のある毒草で、鱗茎にいたっては命にかかわる猛毒がある。

園芸種であるが、野辺にもたくさん逃げ出し、いまや野生化に忙しい。もしもこちらを食べると、数分としないうちに嘔吐が始まり、下痢、頭痛、麻痺が続く。たいていは軽症で済み、早ければ半日くらいで快復するけれど、あまりにも強烈な苦痛に驚いて救急車を呼ぶケースが絶えない。

見分け方は簡単で、「葉が平べったい」、「香りがない」こと（ノビルの葉は丸っこく、ネギのような香りがある）。

ニラ（90〜91ページ）とスイセンも間違われるけれど、ニラにはやはり強い香りがある。

識別は簡単なはずなのだが、ついうっかり——これはだれにでも起こり得ること。

ヤバイ

タマスダレ　多年草

Zephyranthes candida

分布：園芸種（全国）
（南アメリカ原産）

居所：宅地周辺、荒れ地、草地など

特徴

❶葉は「線形」。断面は丸い（ノビルは断面が三日月形）。

❷葉をちぎっても香りはない。

❸鱗茎は「濃い茶色」の外皮に覆われる。香りはない。

律義に咲き誇る毒草

葉のシーズンの見た目はノビルとそっくり。本種の葉は線形で、茂り方がシャープな印象（ノビルの葉はくったりウネウネとやわらかな感じで伸びる）。葉や鱗茎をノビルと間違えた事故がある。決定打は「香りの有無」。

そっくりなのに〝事故少数〟の怪

「香りでの識別」は基本中の基本であるのに、熟練の山菜名人や農家ですらこれを忘れることが多い。

実際、ノビルやニラと間違えてスイセンを飲食店で提供したり、農産物売り場で販売したりする事例が毎年のように起きている。

タマスダレは、葉の姿がノビルと実によく似ており注意が必要。園芸種として人気があり、宅地に多く野生化も進み、野辺にあると見分けがむつかしい。

これも有毒で、食べてしまうと吐き気、嘔吐、痙攣などを引き起こす。幸い軽症でやり過ごせるせいか事故の報告は少ない。

葉を収穫したとき、まるで香りがないので区別がつく。また上記のような違いもあるので、ぜひお気をつけて。

ツルッとノド越し爽やか！美しいミネラルの貯蔵庫

初夏に姿を現す〝道ばた野菜〟のスベリヒユ。みずみずしく爽やかな味と豊富なミネラルをあわせもつが、同じ場所にはよく似た毒草が住むのでしっかり見分けたい。

うまい

スベリヒユ

ヤバイ

コニシキソウ

ハイニシキソウ

うまい

スベリヒユ 1年草

Portulaca oleracea

利用：地上部

収穫：夏

分布：全国

居所：道ばた、草地、耕作地など

特徴

❶葉は丸っこく、肉厚。

❷花は黄色でカップ咲き（午前中に咲いて昼前にしぼむことが多い）。

爽やかなヌメりが美味

サラダ、お浸し、漬け物、和え物、薬味、炒め物など。

猛暑でもツヤツヤでぷりっぷり

初夏。太陽に焼かれた灼熱の道ばたで、みずみずしい葉を気持ちよさそうに広げる雑草がいる。そのひとつがスベリヒユ。

こちらは異能の持ち主で、土壌の水分と栄養を掃除機みたいに吸い込んでゆく。その身体は抗酸化物質の貯蔵庫となり、苛烈な環境でも美しい容姿を保てるのである。

みなぎる生命力の恩恵

丸っこい、肉厚の葉が特徴的で、とても覚えやすい。

この茎葉を収穫して、よく洗い、軽く塩茹でする。流水にさらして身を引き締めたら、そのまま刻んで素麺の薬味に。お浸しや炒め物でも抜群の美味しさを誇るが、浅漬け、キムチ漬けは特に食欲をそそる。

青臭さはまるでなく、爽やかな風味とヌメりが持ち味。山菜や野草によくある「独特のクセ」が苦手な方には本種がオススメ。なにしろヨーロッパでは品種改良まで行われ、畑で栽培される〝野菜〟である。イタリア料理やフランス料理で威風堂々と登場する。

こぼれダネで殖えるので、鉢植えやプランターにまいて愛育することもできる。水やりは必要なく、完全放置で収穫までゆける。

ヤバイ

コニシキソウ 1年草

Euphorbia maculata

分布：全国（北アメリカ原産）

居所：道ばた、耕作地、草地など

特徴

❶葉は丸っこく、表面に赤紫の斑紋あり。茎や葉に目立つ毛が密集する。
❷花は微細で目立たない。
❸結実にはまんべんなく毛がある。

庭と畑の「お馴染み毒草」

どこにでも生え、よく殖える。除草は簡単だが、アリンコが種子を持ち運ぶので、忘れたころにまた生える。乳液は有毒。

白い「乳液」にご用心

スベリヒユを探しにゆくなら、注意すべき有毒種を覚えておきたい

コニシキソウは、スベリヒユと同じような場所にたくさん育ち、その数は圧倒的に多い。丸っこい葉の形、茎葉の茂り方がどことなくスベリヒユと似て、一緒にうっかり収穫しかねない。

大きな違いは、葉の表面に筆先でさっと刷いたような紫色の斑紋があること。

そして葉は薄っぺらい（スベリヒユの葉は肉厚なのが特徴）。

さらに茎をちぎったとき、切り口から乳液がほとばしる（スベリヒユは茎をちぎっても乳液を出さない）。

この乳液は有害で、誤って食べると胃腸障害を引き起こす。皮膚に付着しても炎症を起

ヤバイ

ハイニシキソウ　1年草

Euphorbia prostrata

分布：本州〜沖縄（熱帯アメリカ原産）

居所：道ばた、耕作地、草地など

特徴

❶葉は丸っこく、表面に斑紋はない。茎の「上側」に毛があり、「下側」は無毛という、変わった特徴がある。
❷花は微細で目立たない。
❸結実の「角ばった部分」だけに毛がある。

快進撃中の帰化種

近年、広い地域で増殖中。乳液はやはり有毒。

こす恐れがある。

庭やプランターにもよく生えるので、除草の際も気をつけたい。もしも皮膚についたら早めに流水で洗い流せば問題ない。

コニシキソウは葉の表面に斑紋を浮かべるという「分かりやすさ」があるけれど、近年、これがない外来種が殖えてきた。

たとえばハイニシキソウ。

葉は丸っこく、薄っぺらいが、目立つ斑紋はない。茎をちぎると有毒な乳液を出す特徴はコニシキソウと一緒。

地域によってはそっくりな、また違った帰化植物がもりもりと殖えている。「葉が薄っぺら」で、「乳液を出す」ところは共通するので、こうしたものはすべて避けておきたい。

ひとたび本物のスベリヒユに慣れてしまえば大丈夫。もはやこれらの有毒種と間違えることはなくなるだろう。

美味しいから要注意！意外な有害性と有毒種と

春の名物〝つくし〟と〝スギナ〟。分かりやすい山菜と思われているけれど、実はそっくりな有毒種が存在する。思わぬ場所にひょっこり出てくるのでご注意を。

うまい

スギナ（つくし）

ミモチスギナ

ヤバイ

イヌスギナ

うまい

スギナ（つくし） 多年草

Equisetum arvense

利用：地上部

収穫：春（つくし）、ほぼ通年（スギナ）

分布：全国

居所：道ばた、耕作地、草地など

特徴

❶枝は茎（主軸）の周囲に美しく輪生。

❷茎と枝の「はかま」の長さを比べる（61ページ図）。「茎のはかま」が短いならスギナ。

美味しくても食べすぎ注意

佃煮、炒め物、焼き料理、お茶などに。スギナにはチアミナーゼが含まれ、これが体内のビタミンB_1を分解するので、多食するとビタミンB_1欠乏症が引き起こされやすくなる。

年寄り〝つくし〟と若〝すぎな〟

つくしやスギナにも収穫の知恵がある。若いつくしの坊主頭は閉じているが、これは苦い。胞子を飛ばして開いたものが食べやすい。一方、あとから出てくるスギナは葉が閉じている状態（若苗）が味と食感が素晴らしく、葉が開いてしまうとボソボソして、食べる喜びは「いまひとつ」になる。

山菜〝づくし〟に美味し〝すぎな〟

つくしは、しっかり下ごしらえしたら、佃煮、卵とじ、炒め料理にすると、ご飯のお供に、お酒の肴にとても合う。

スギナはよく水洗いしてからしっかり塩茹でして、甘辛い佃煮にすると美味しい。水洗いだけで、お好み焼きやチヂミにのせてパリパリとした食感と香味を楽しむという手もある。これが本当に美味しい。

水洗いして乾燥させたものはお茶としても利用でき、これも風味が立ってなかなか飲みやすい。

つくしとスギナは食べやすいのだけれど多食は絶対に避けたい。ビタミンB_1欠乏症や皮膚の炎症が起こりやすくなるケースが知られてきた。

ほどほどに、ちょいと楽しむのがよい。

うまい

ミモチスギナ 多年草

Equisetum arvense form. *campestre*

分布：全国

居所：道ばた、耕作地、草地など

特徴

スギナのてっぺんに、つくしをのせる。それ以外の特徴はスギナと一緒。

スギナの一品種

次の「イヌスギナ」と明確に区別できないうちは採取を避ける。

ちょっと変わったおかしな子

スギナはそこらじゅうから生えてくるけれど、たまにおかしな子が混ざっている。なんとスギナのてっぺんに、つくしをぽちょりとのせる子がときおり出現する。これはミモチスギナと呼ばれている。

スギナの一品種という位置づけで、スギナと同じく利用されてきた。スギナとの明確な違いは、スギナの上に「つくしの坊主頭をのせるかどうか」で、のせていなければスギナとの区別は困難。多くの場合、一緒に食べている可能性がある。

もしも本種を見つけたら、はじめのうちは決して手を出さないようにしたい。有毒種の「イヌスギナ」がこれとそっくりなのだ。もちろん、普通のスギナを収穫するときも、イヌスギナと見分ける必要がある。

ヤバイ

見分けのポイント

主軸と枝

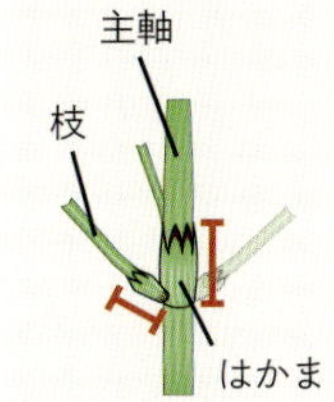

イヌスギナ

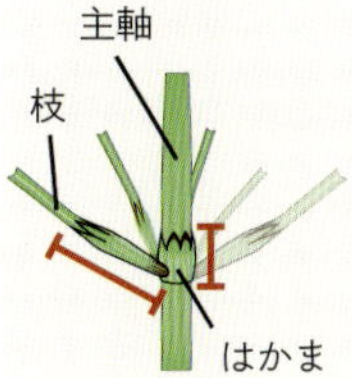

スギナ

イヌスギナ　多年草

Equisetum palustre

分布：北海道、近畿以北

居所：市街地、草地、農地など（湿り気のある場所を好む）

特徴

❶枝は茎（主軸）の周囲からまばらに生える。

❷茎と枝の「はかま」の長さを比べる（左図）。「茎のはかま」の方が明らかに長いならイヌスギナ。

そっくりだけれど有毒種

パルストリン、ニコチンなどが含まれ、牛などに食欲不振、下痢などを引き起こす。人体への悪影響の詳細は不明だが、スギナ採取のときは要注意。

似〝すぎな〟毒草

イヌスギナの見た目はほとんどスギナであるが、決して食べてはいけない。地域によってはスギナよりも多いので要注意。

おもに湿地のまわりで見つかるのだけれど、道ばたや畑地にもひょっこりと顔を出すからとても厄介。

知名度も低いため、知らずにイヌスギナを採取しているケースもあるだろう。こちらは有害なアルカロイドを含む有毒種。

多くの時期がスギナとそっくりで、やがてスギナのてっぺんに、つくしをのっける。すると今度はミモチスギナとそっくりに。

見分け方は上図のとおり。慣れてくればパッと見て察しがつくのだけれど、はじめのうちはむつかしい。身近でスギナを採取する場合、一度は調べておきたい。

春の新芽は人気の山菜！夏のつぼみも中華食材

「食べやすさ」が第一級。優しい甘味まで楽しめる山菜が身近にたくさん育つ。根を守れば何年でも収穫可能。ちょっと似ている毒草にご用心。

うまい

ノカンゾウ

ヤブカンゾウ

ヤバイ

シャガなど
アヤメの仲間

うまい

ノカンゾウ 多年草

Hemerocallis fulva var. *disticha*

利用：新芽、つぼみ、花

収穫：早春（新芽）、夏（つぼみ・花）

分布：本州〜九州

居所：道ばた、草地、荒れ地、河川敷など

特徴

❶新芽は細長く伸び、厚みがある。成長につれて葉先がしなだれてくる。

❷花は渋めのオレンジ色で一重咲き。開花は６〜８月。

食べやすさ抜群の身近な山菜

春の新芽は天ぷら、和え物、炒め物など。下ごしらえした花びらも、サラダ、和え物、炒め物に（ただし、食べすぎるとお腹がゆるくなる）。

ノカンゾウの素晴らしさは、身近に多くてたくさん採れること。姿も特徴的で覚えやすく、食べやすいのだから言うことなし。

春の新芽がもっとも人気で、美味しい野菜を食べる感覚。アクやクセは皆無。歯切れは心地よく、優しい甘味まで広がってくる。そこはかとなく「野草ってエグくて青臭くない？」といった疑念疑惑をお持ちの方は、まずもって本種から試すとよい。

新芽のスタイルはしなやか

美味しい新芽は春から初夏にかけて収穫できる。おもな住まいは河川敷、小川沿い、田んぼのまわりにたくさん。身近な雑木林なら湿り気がある道ばたに腰を据え、たいてい群落を築いている。

その姿もユニークで、細長く伸ばした葉を美しい扇状に広げる。少し育ったものは、上図右のように葉の先端がしなだれ気味にカールしてくる。この姿が有毒種の新芽と見分ける重要なポイント。

収穫するには、新芽の株元の土を少しばかり掘り、茎が白い部分からサクッと切る。丁寧に土を洗い流し、軽く塩茹でして流水で身を引き締めたら、水気を切ってお浸し、和え物、スープや味噌汁の具に。あるいは刻んでチャーハンやパスタの具にしても美味。

ヤブカンゾウ　多年草

Hemerocallis fulva var. *kwanso*

利用：新芽、つぼみ、花

収穫：早春（新芽）、夏（つぼみ・花）

分布：北海道～九州

居所：道ばた、草地、荒れ地、河川敷など

特徴

❶新芽はやや幅広で、厚みがある。成長につれて葉先がしなだれてくる。

❷花は八重咲き。開花は6～8月。

夏もまた美味なるシーズン

つぼみは炒め料理向き。大きな花びらも下ごしらえすれば、サラダ、酢の物、炒め料理に使える。ノカンゾウとヤブカンゾウは地域ごとに勢力差があり、どちらか一方が多めになる。

初夏のつぼみも一級品

ノカンゾウと「うりふたつ」なものにヤブカンゾウがある。住まいの好みも同じで、お姿もそっくり。ヤブカンゾウの場合、「新芽の葉の太さ」がやや幅広で、花が八重咲きになるという違いがある。

両者の調理法はまったく同じ。風味も変わらない。新芽とつぼみが大変美味しい珍味である。

中華料理の食材として〝金針菜《きんしんさい》〟が売られるが、多くが中国産ホンカンゾウのつぼみ。日本の種族も同じように利用でき、つぼみをオリーブオイルで軽く炒め、塩や好みのスパイスで味をつけるだけ。噛むほどに甘味が広がり美味。つぼみのほか花も食用になるが、よく水に浸してからしっかり茹でる必要がある（ナマに近いと胃腸を壊す恐れあり）。

ヤバイ

シャガ　多年草

Iris japonica

分布：本州〜九州

居所：住宅地や山村の民家周辺

特徴

❶葉は厚みがなくぺったんこ。これを直線状に伸ばし、葉先は鋭くとがる。

❷花は白のベースに甘いパステル調の斑紋を浮かべ、非常に美しい。開花は４〜５月。

アヤメの仲間はキョーレツ

シャガもアヤメの仲間に属し、アヤメ類は生薬の原料にされる。ただ生死にかかわる緊急時の解毒薬で、即刻、上から下からすべてを出し切るという作用をもつ。それが落ち着いたあとも疲労困憊が顕著に残る。

ヤバイ新芽、あります

住宅地や里山のまわりでは、新芽の姿がそこはかとなく似ている園芸種が野生化している。シャガやアヤメの仲間である。この両者の新芽はほぼ一緒なので、ここではシャガを一例としてご案内する。

たまに間違って食べて中毒する人があり、すると強烈な嘔吐・下痢に悩まされる（翌日もしくは数日で快復したそうだ）。

この新芽は「前から見ると」ノカンゾウなどにそっくりだが、横から見ると紙１枚ほどの厚みしかない。また葉の伸ばし方が直線的で、葉先がしなだれ気味になるノカンゾウやヤブカンゾウとは明らかに違う。

美味しい方の葉をよく見ると、内側に巻いて二つ折りになっている。シャガやアヤメの葉はぺったんこ。ぜひご注意を。

秋の名物で被害者続出！美味しいアレの見分け方

「毒草」の方を食べている人が意外と多い。「ムカゴ」や「根」を採取するときは「葉っぱ」をしっかり確認してから。誤食で中毒すると相当辛いようである。

うまい

ヤマノイモなど

ヤバイ

オニドコロ

タチドコロ

ヒメドコロ

マズイ

ニガカシュウ

うまい

ヤマノイモ　多年草（一部）

Dioscorea japonica

利用：地下のイモ、茎葉、ムカゴ
収穫：初夏（茎葉）、秋（ムカゴ・イモ）
分布：本州～沖縄
居所：低地～山地の道ばた、ヤブ、荒れ地

特徴

❶葉は細長く伸び、茎に対して左右対称につく（例外あり）。
❷葉にツヤはなく、葉脈は縦のラインだけが目立つ。夏に咲く花の姿で覚えるのもよい。
❸晩夏から秋にムカゴをつける。

ツル先の茎葉も美味しい

茎葉はお浸し、和え物、炒め物に。地下のイモはとろろ、ちぎり芋などで。

美味しい滋養強壮薬

畑でも栽培されるヤマノイモ。自然薯《じねんじょ》と呼ばれる野生のヤマノイモの風味は、栽培ものとは比べ物にならぬほど香味豊かでネバりも上品。道ばたのヤブ、雑木林にごく普通にいる。茎葉も食用となるほか、秋に実るムカゴも美味。あますところなく食べることができる有用植物である。

ヤマノイモの葉

ナガイモの葉

この根茎はむかしから滋養強壮薬、夜間頻尿の改善、下痢止めの民間薬とされ、現代も医薬品の製薬原料植物に指定されている。

そっくりなものにナガイモがある。こちらはおもに畑で栽培される中国原産の根菜。たまに雑木林の中で野生化している。

ナガイモの特徴は、葉の基部が耳状に張り出し、葉の表面に艶やかな光沢があるところ（上図左下）。この根茎も滋養強壮、頻尿の改善、食欲不振の改善、下痢止めなどの民間薬として活躍しており、ツル先の茎葉とムカゴも食用にできる。

さて、この両者と地下部を混同されやすい有毒種に、グロリオサ（49ページ）があるが、さらによく似た植物が存在する。多くの方々が間違って食べ、ときに胃腸を壊して寝込む。

次ページ以降の顔ぶれは、どれも基本的に有毒種である。

ヤバイ

オニドコロ　多年草

Dioscorea tokoro

分布：北海道〜九州

居所：道ばた、ヤブ、雑木林など

特徴

❶若い葉は細長いが、育つとウチワ状に丸みを帯び、やや光沢がある。葉は互い違いにつき、葉脈には短い横ジワが目立つ。

❷夏に咲く花の姿はヤマノイモたちとまるで違う。

❸ムカゴをつける個体もある。

すべてを出してもまだ足りぬ

ムカゴをヤマノイモのそれだと思い、ムカゴご飯などにして軽い中毒を起こすことがある。根を掘ると、ヤマノイモのように太い棍棒状には伸びておらず、細い根茎が円弧状に伸びている。

苦いわエグいわ上から下から

オニドコロという植物は、見た感じ、ヤマノイモかあるいはナガイモに見える。

道ばたのヤブや雑木林にたくさん住んでおり、ヤマノイモよりずっと多いのでよく目立つ。

この根茎をヤマノイモだと思って食べると軽い中毒を起こす。悪心が始まり、苦しい嘔吐を繰り返し、激しい下痢も続く。すっかり疲弊して2日間くらいは動けない。軽い中毒といっても、本人はたまったものではない。

Webの情報では「ムカゴはつけない」とあるが、実際はムカゴをつける場合も決して少なくない。

ムカゴは食べると苦く、エグ味もあり、ちっとも美味しくない。口に入れないようにしたいが、こちらは少量であれば、間違って食べても無症状で経過する。

見分けのポイント
葉のつき方

オニドコロ
タチドコロ

葉が互い違いにつく（例外なし）

ヤマノイモ
ナガイモ

葉が対になってつく（例外あり）

ヤバイ

タチドコロ　多年草

Dioscorea gracillima

分布：福島県以西〜九州

居所：道ばた、ヤブ、雑木林など

特徴

❶葉は細長く伸び、葉の基部が耳状に張り出す。葉は互い違いにつく。また葉脈には短い横ジワが目立つ。
❷葉の縁がギザギザと細かく波うつ。
❸ムカゴはつけない。

ナガイモの葉とそっくりで

ナガイモの葉脈は「赤紫色」になる傾向があるけれど、本種の葉脈は「淡い緑色」。またナガイモの葉の縁はツルッとなめらかだが、本種の場合は細かいギザギザが入るので簡単に区別がつく。本種も有毒。

もひとつオマケに厄介なそれ

タチドコロは、オニドコロの親戚みたいなもので、やはり有毒。

オニドコロの葉は、十分に成長するとウチワみたいに丸っこくなり、ヤマノイモやナガイモとはまるで違うから分かりやすい。

タチドコロの葉はずっと細長い姿で過ごすため厄介だが、ムカゴはつけない。

これらとヤマノイモたちを見分けるには、まず「葉のつき方」を覚えてみたい。

有毒の方は、上図左上のように葉を〝互い違い〟につける。例外はない。

ヤマノイモとナガイモは、葉を対にして（左右対称に）つける（例外あり）。

また有毒種の場合、葉の葉脈には「短い横ジワ」がたくさん入り、これがよく目立つ。

葉のつき方と併せて、判断材料になるだろう。

ヤバイ

ヒメドコロ　多年草

Dioscorea tenuipes

分布：福島県以西～九州

居所：道ばた、ヤブ、雑木林など

特徴

❶葉は細長く伸び、葉の基部が耳状に張り出す。葉が互い違いにつく。

❷ムカゴはつけない。

これもナガイモの葉とそっくり

ナガイモの葉には「強い光沢」がありテカテカするけれど、本種にテカりはほとんどない。本種の根茎は減毒することで食用とされることもある。ただ減毒方法を誤るとやはり身体に有害なため、利用は避けたい。

そしていっそうややこしい

身近なヤブにはヒメドコロという仲間もいる。オニドコロたちに比べると葉が小型なのでその名がある。

見た目はいっそうナガイモやヤマノイモに似ているが、基本、有毒種。葉のつき方が互い違いで、ムカゴはつけない。

「基本的に有毒」と書いたのは、本種の根茎は毒抜きすることで食用とされたようである。美味しいともマズイとも聞かぬため、飢饉のときの救荒植物か儀礼的な食材として活用されたのだろう。

ヤブや道ばたにはよく似たツル植物が本当にたくさんあるので、たまに目を慣らしながら感覚を磨くとよい。

少しでも悩んでしまったら「手を出さない勇気」を。

ニガカシュウ　多年草（一部）

Dioscorea bulbifera

分布：本州～沖縄

居所：道ばた、ヤブ、雑木林など

特徴

❶葉は大きなウチワ状で、葉脈には短い横ジワが目立つ。葉は互い違いになってつく。
❷葉のつけ根にヒレのような翼がある。
❸晩夏から秋にムカゴをつける。

食べるとマズイが薬用植物

ムカゴは苦味とエグ味にあふれる。全草は食用にされることはないが、本種の塊茎《かいけい》は薬用とされる（上級者向き）。

こちらは「薬」の苦味とエグ味

ニガカシュウという植物もご案内しておこう。「ヤマノイモやオニドコロを知っているが、本種は存在自体、知らなかった」という方が多い。お目にかかる機会は少ないのだけれど、道ばたのヤブでひょっこり出くわすこともある。

見た目は「大きなオニドコロ」で、ウチワのような丸い葉をでっかく広げるタイプ。秋にはムカゴもつけるが、これがまた苦くてエグい。食用にはまったく向かないが、オニドコロのムカゴほどの毒性もない。見分けるには、「葉のつけ根」を見る（上図左下）。

この根（塊茎《かいけい》）は解毒薬、鎮痛薬、止血薬、ノドの腫れや痛みの緩和に用いられる。

ムカゴを土に植えると根を伸ばし、発芽する。地上にできる「根の赤ちゃん」みたいなもので、成長を見守るのも楽しいやもしれぬ。

シャクは美味しい香味山菜、そっくりな猛毒草が繁殖中

「毒草」の世界も変化が激しい。これまで見なかった猛毒草が音もなく身近に迫り、それもむかしから「お馴染みの山菜」とそっくり。そんな重要事例をご案内したい。

うまい

シャク

ヤバイ

ドクニンジン

うまい

シャク 多年草

Anthriscus sylvestris

利用：若葉、葉、種子

収穫：晩春（若葉・葉）、夏（種子）

分布：北海道～九州

居所：田んぼ、川岸の草地、林内など

特徴

❶茎は綺麗な緑色で、ほとんど無毛（まばらに白い毛があるくらい）。

❷花びらの外側１枚だけが大きくなる。

❸結実はツルッとして細長く伸びる。ツートンカラーがよく目立ち美しい。

上品で繊細な彩りあふれる香味

初春の若葉、開花前の葉を摘んで天ぷら、お浸し、炒め物など。種子は肉料理、スープ、野草茶の香りづけに。

晴れやかな和食の香草

シャクはむかしから香草として有名な山菜で、郊外の道ばた、田んぼ、河原の草地などによく生える——と解説されてきた。最近、その数を減らしており、のどかな里山の情景からシャクの佳麗な姿が消えつつある。その代わり、うりふたつの猛毒草が殖えていることは、あまり知られていない。

シャクは若葉を摘んで食べると、ニンジンの葉を思わせる爽やかな香気が楽しめる。ところがひとたび開花期を迎えると、この葉はとてもマズくなる。それには手をつけず、周辺を探してみたい。たぶん20～30㎝くらいの若い苗がある。これを根元から収穫し、塩茹でして水にさらし、ゴマ味噌和え、バター炒め、あるいは椀物やコンソメスープの風味づけに浮かべて春の香味を満喫する。種子も美味しく、料理用のスパイスとして、あるいは野草茶の香味づけにも。

シャクの特徴は、さながらシダ植物を思わせるほど繊細に切れ込んだ葉姿と、５月ごろに咲く独特の花の姿である（上図）。

これが近年になって、「茎の色」、「茎の毛の有無」、「結実の姿」をしっかり確認する必要に迫られている。

自分と家族の命を守るために。

ヤバイ

ドクニンジン 越年草

Conium maculatum

分布：北海道、本州（ヨーロッパ原産）

居所：湿った林縁、草地、川沿い

特徴

❶茎に目立つ毛はなく、血のりみたいな赤紫色のだんだら模様を浮かべることが多い。

❷花びらの1枚だけが少しだけ大きめになる（シャクほどは目立たない）。

❸結実は、ほぼ「球形」で縦ジワがよく目立つ。色は緑の単色で、シャクのようにツートンカラーにはならない。

とても美味しそうな猛毒草

畑から逃げ出したニンジン、シャクなどと間違われて中毒を起こす。日本でも中毒事故が散発しているため要注意。

生命も凍える猛毒の進軍

ドクニンジンは、世界屈指の猛毒草として有名で、世界中の人々の生命を刈り取っている。しかしながら間近で見たことがある人はとても少ない。

ニンジンの葉とそっくりで、日本の山菜シャクともうりふたつ。シャクと同じような環境に育ち、日本にも定着して活発に殖えている。実はとても危険な状況にある。

コニインをはじめとするピペリジンアルカロイドを豊富に含み、ヒトが摂取すると嘔吐、下痢、凍えるような低体温症を引き起こす。やがて手足の筋肉が麻痺してゆき、まもなく麻痺は腹部そして胸部の筋肉へと広がり、呼吸が停止――。

いまから2400年前にはすでに、人類はドクニンジンを致死性の猛毒草として正しく

見分けのポイント　結実と茎

ドクニンジンの結実（上図上）と茎（上図下）

シャクの結実（上図上）と茎（上図下）

恐れてきた。

ドクニンジンで中毒しないための簡単な方法は、とにかく「ドクニンジンの存在」を知っておくこと。たったそれだけでも、あなたの知見がきっと多くの人々を危険から遠ざけてくれる。

特徴は上図のとおりだが、まずは次の２点だけでも覚えておきたい。一、茎に血潮が飛び散ったようなだんだら模様がある。二、結実はほぼ球形。

もしも見つけて駆除する際は、革手袋の着用を。目を覆うゴーグルもあるとよい。粘膜や傷口から有毒成分が入るだけでも中毒を起こす危険がある。

これまで見てきたように、有名な山菜とそっくりな猛毒草は〝よくいる〟。そうした〝警戒心〟を怠らなければ、多くの悲惨な事故は防ぐことができる。

毒草の中から選び抜く、一風変わった風雅な佳品

仲間の多くが「有毒」だけれど、たまに「美味しい」種族が混ざる。祖先たちの好奇心と経験がいまに伝わる、ちょっと変わった顔ぶれ。

うまい

ヤマエンゴサク

ヤバイ

ジロボウエンゴサク

ムラサキケマン

シロヤブケマン

だいたい毒草、まれに山菜

ここであげる植物はいずれもケシの仲間。有毒なアルカロイドを含む毒草が多いが、次の3種だけは食用・薬用にできる。

まずはヤマエンゴサク。

エンゴサク（延胡索）とは漢方薬の命名に由来し、地下にできる丸い塊茎を鎮痛、鎮痙《ちんけい》、浄血などに用いてきた。

うまい

ヤマエンゴサク　多年草

Corydalis lineariloba

利用：地上部

収穫：春

分布：本州〜九州

居所：丘陵や山地の渓流沿いなど

特徴

❶花色は淡いスカイブルー。ややグレープ色を帯びることもある。

❷葉の形は基本的に丸っこくまばらにつく（地域、個体により変化が多い）。

❸花の柄にある苞葉は扇状に広がり、ギザギザであることも（81ページ図）。

山野の美しい珍味

若葉はお浸し、和え物、スープ、サラダに。花もサラダや酢の物として。塊茎（左図右下）も食用とされるが、野生種保護のため採取は避けておきたい。

ゆく風も涼やかな山林や渓流で静かな暮らしを楽しむ種族で、清流のそばで冷たく冴えた色彩をたたえる様子は幽玄である。

4～5月、この地上部が食用になる。沸かしたお湯にさっとくぐらせ、水にさらしてお浸しに。美しい花も軽く水洗いしてからサラダに飾りつければ贅沢。

花がない時期の採取はひとまず避けたい。葉の形は地域によって変化が多く、ほかの有毒なエンゴサクや身近にたくさんいるケマン類（次ページ以降の有毒種）と間違えやすい。

もうひとつの美しい食用種はエゾエンゴサク。北海道の林内や草地に育つ種族で、ヤマエンゴサクとは花色などが異なる（81ページ図）。本州の中部以北の冷涼地にはそっくりなオトメエンゴサク（エゾエンゴサクの変種）が出現する。どちらもヤマエンゴサクと同じ要領で春の味覚を楽しむことができる。

ヤバイ

ジロボウエンゴサク 多年草

Corydalis decumbens

分布：関東地方以西〜九州

居所：公園の草地、雑木林、里山の宅地

特徴

❶花の色は白をベースにグレープ色が差す。色の濃淡には変化が多い。

❷葉の形は丸みを帯び、ときに浅い切れ込みが入ることも（変化が多い）。

❸花の柄にある苞葉は丸みを帯びる（ギザギザしない）。

食べられないけど愛らしい

有毒種で食用不可。

グレープ色は危険信号

花の見た目はそっくりだけれど、花の色、葉の形が違うものがたくさんいる。以下にあげるものはすべて有毒種となる。

ジロボウエンゴサクは、葉が丸みを帯びるところなぞヤマエンゴサクやエゾエンゴサクとよく似るが、花の色はまるで違う。

雑木林や草地に育ち、花色は全体的に白が目立ち、そこに淡いグレープ色が差す。淡く儚い色のニュアンスが、愛らしさのなかに高い気品を感じさせる名花。

平野部の宅地周辺や公園でも見られるが、近年、なぜか数を減らしており、出逢えるとちょっと嬉しい珍品になった。

食用にはならないけれど、春の貴品として鑑賞するのはとても楽しいひと時に。ひとまずこれが見分けられたら素晴らしい。

ヤバイ

ムラサキケマン　越年草

Corydalis incisa

分布：全国

居所：公園の草地、雑木林、道ばたなど

特徴

❶花の色は鮮やかなグレープ色。
❷葉の形は細やかに切れ込みシャープな印象。
❸花の柄にある苞葉も切れ込む（ギザギザしている）。

日陰を飾る可憐な毒草

有毒種で食用不可。

グレープ色の代表格

ムラサキケマンは、その名のとおり花の全体が〝濃厚なグレープ色〟に染まる。

「ケマン」とつく種族は多数あり、その見た目はエンゴサクの仲間とそっくり。名前こそ違うが実はどちらも同じグループ（血縁関係）に属している。

本種は雑木林、宅地の湿った草地、荒れ地に住み、出逢う機会はとても多い。

花色が鮮烈で目を奪われがちだが、明るいライム色をした葉も繊細で美しく、野趣とともに品格ある優美さをもたたえている。

本種にはプロトピンなどの有毒なアルカロイドが含まれ、誤食すると嘔吐、瞳孔の異常、心臓麻痺などを起こす恐れがある。

この植物は、ほぼ無傷で育つ。多くの生き物が食べるのを避けるからだ。

ヤバイ

シロヤブケマン 越年草

Corydalis incisa form. *pallescens*

分布：全国

居所：公園の草地、雑木林、道ばたなど

特徴

❶花の色は白がベース。先端部にグレープ色をあしらう。
※ごくまれに雪のように白一色になるものはユキヤブケマンという
❷葉の形はムラサキケマンと同じ。細やかに切れ込みシャープな印象。
❸花の柄にある苞葉も切れ込む（ギザギザしている）。

息を呑む美麗さ

有毒種で食用不可。

ジロボウエンゴサク——ではなく

葉の形を見ると違いは歴然。

ジロボウエンゴサクの葉は丸っこいが、ここでご紹介するシロヤブケマンは、ムラサキケマンと同じく、美しい切れ込みがとてもよく目立つ。

つまり本種は「ムラサキケマンの白花品種」という分類になっている。

野辺ではお花ばかりに気をとられ、葉をじっくり見たり写真に撮ったりするのを忘れがち。

植物を「見分けてみたい」と思ったら、葉、茎、全体にも目を配ってみると、見分けの技量と楽しさが勝手にどんどん上がってゆく。悩むより楽しむのが最上である。

この仲間の場合、花の柄にある「苞葉」を見て撮影しておけば、識別はさらに確実なものとなる。

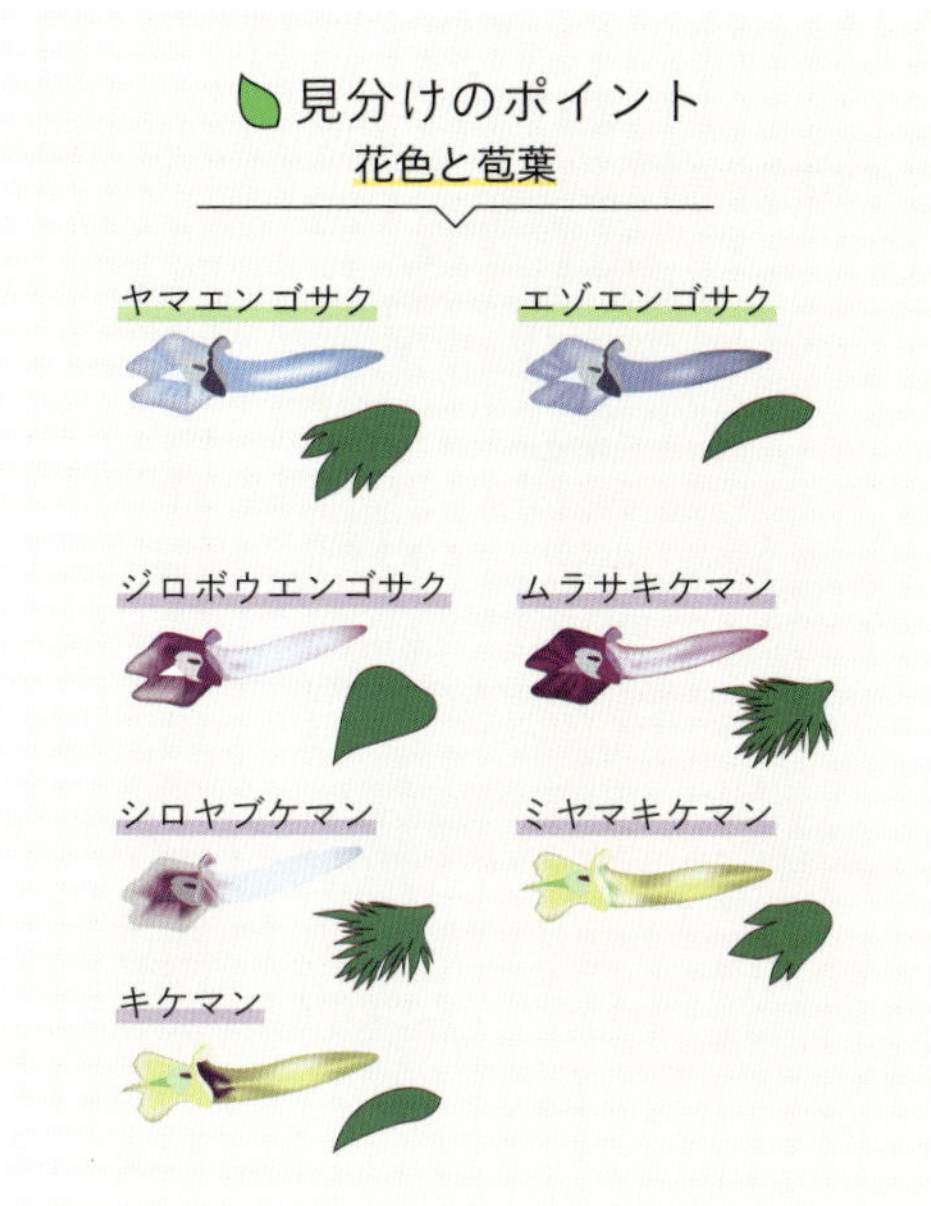

ヤバイ

ミヤマキケマン

ヤバイ

キケマン

黄色という危険信号も

ケマンの仲間には、鮮やかなレモン色の花を咲かせる仲間もいる。

ミヤマキケマンは、おもに山地の道ばたに好んで住みつくが、都市部の森の中や草地でも見つかる。

葉の繊細な切れ込みと、洗練された色彩のグラデーションがたいそう優美な種族で、鮮やかな花色とのコントラストはため息しか出ない。

沿岸部ではキケマンが出現する。

黄色い花を上から見ると、暗いワイン色の斑紋を浮かべており、なんだかちょっぴりコケティッシュ。たまに内陸部でも見つかる。

いずれも庭園にでも飾りたい野の逸品であるが、有毒種であることをお忘れなく。

甘くて美味しい魅惑の山菜！ でも収穫シーズンは要注意

「山菜の女王」の誉れも高いこの種族たちは「甘美な重要薬草」でもある。人気の高さで飛びつくと、その手につかむは毒草たち。

うまい

アマドコロ

ナルコユリ

ヤバイ

ホウチャクソウ

チゴユリ

オオチゴユリ

うまい

アマドコロ　多年草

Polygonatum odoratum var. *pluriflorum*

利用：根茎、新芽、花

収穫：春（新芽、花）、秋（根茎）

分布：北海道～九州

居所：雑木林、丘陵や山地の草地など

特徴

❶新芽は「太い筆先」のように立つ。
❷葉の幅はぽってりと広め。茎は１本立ちする（枝分かれしない）。
❸茎に「隆起した数本の筋」があり角ばった感触がある。
❹花は楕円形で先端がわずかに開く。

春の佳品は甘い薬草

新芽はシンプルに天ぷら、お浸しで楽しむ。花はナマのままでも甘くて美味しいが、軽く湯通しして酢味噌や甘酢で。

うまい提灯は花まで甘く

チョウチンバナ、キツネノマクラという別名も愛らしいアマドコロ。雑木林の道ばたでもって、乳白色の釣り鐘を春風に遊ばせる姿が印象的。つぼみの先っぽを彩るライム色もまた愛らしく。

優しい甘味が魅力の山菜で、薬草としての評価もひときわ高い。

3月中旬から4月ごろ、やわらかで緑色した太めの新芽がぽこぽこと生えてくる。根元の土を軽く払いのけ、白い株元がのぞけて見えたら、ここからサクッと切る。

最高の風味を味わうには、さっと茹で、水にさらし、お浸しで。酢味噌、酢醤油などで爽やかな甘味と心地よい食感を存分に楽しむ。あるいはもっとシンプルに、水洗いしてから天ぷらで舌鼓。

アマドコロの新芽は滋養に富み、とりわけその根は滋養強壮、精力増強、疲労回復、胃腸炎の改善などで多用されている。

しかし美味しい新芽と根の収穫は、見分け方を知らないと大怪我をする（後述）。

開花期を迎えればそっくりな毒草と区別しやすくなる。つぼみと花も大変美味しいので、まずは開花期まで待ち、その場所をしっかり覚えて翌春に備えたい。

ナルコユリ 多年草

Polygonatum falcatum

利用：根茎、新芽、花

収穫：春（新芽・花）、秋（根茎）

分布：本州〜九州

居所：雑木林、丘陵や山地の草地など

特徴

❶新芽は「細い筆先」のよう。

❷葉の幅は「すらっとスマート」。茎は1本立ちする（枝分かれしない）。

❸茎の感触はツルッとして丸っこい。

❹花は楕円形で、先端部がわずかに開く（アマドコロと同様）。

繊細な甘味と流麗な立ち姿

利用法はアマドコロと同様。江戸時代、この根茎で作った飴は、「黄精飴」と呼ばれ、吉原の遊女の間で大人気を博した。

あるいはよく似た山菜の女王

アマドコロと間違えやすいものにナルコユリがある。別名をチョウチンバナ、ヘビノチョウチンなどと呼ばれ、都市部や宅地の公園、雑木林でしばしば見かける。

これも非常に美味しい薬草として有名で、さまざまな精力剤に配合されている。

新芽の風味は、大自然の優しい滋味にあふれ、やわらかな甘味が肥えた舌を小躍りさせ、心まで浮き立たせる逸品。

オススメは栽培である。苗が市販され、鉢植えやプランターでも簡単に育てられる。これなら毒草との取り違えも旬を逃すこともなく、ひとりでたっぷり味わえる。

栽培が苦手な方は、やはり野辺で見分ける道に習熟したい。アマドコロとの見分け方はとても簡単。

見分けのポイント
茎

アマドコロ
筋状の隆起あり

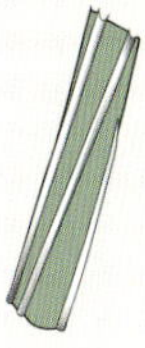

ナルコユリ
隆起なし

アマドコロの根。太い棒状に伸びる

ナルコユリの根。デコボコして、数珠つなぎになっている

※両者とも、優しい甘味とネバりがある。土の臭いが強めなので、皮をむいて塩茹でにすると食べやすくなる

わたしは「角ドコロと丸コユリ」というむかしからのゴロ合わせで覚えている。

ポイントは「茎を触ってみる」こと。アマドコロの茎には筋状の隆起があり、指先で撫でると角ばった感触がある。一方、ナルコユリの茎は丸くてツルッとする。慣れると、「葉の太さ（横幅）の違い」で分かるようになる。

山菜としては、アマドコロと同じ調理法でとても美味しく楽しむことができる。

生薬としては、どちらも根茎を使うが、わが国の用法には若干の違いがある。

アマドコロは滋養強壮のほか胃炎や胃潰瘍にも使われるが、ナルコユリは滋養強壮・強精作用の強さが有名で、血糖値を抑え、動脈硬化の予防・改善などに用いられる。どちらも作用が非常に強いので、薬用利用は極めて慎重に。採取はさらに慎重に。

ヤバイ

ホウチャクソウ　多年草

Disporum sessile

分布：北海道〜九州

居所：ヤブ、雑木林、宅地周辺、丘陵など

特徴

1. 新芽はアマドコロ、ナルコユリと酷似し、見分けは極めて困難。多くの場合、左図上のような筆状にはならず、小さなうちから葉をぴらっと開く傾向がある。
2. 茎は上部で「枝分かれ」することが多い（枝分かれしないものも混在する）。
3. 茎には「わずかな隆起線が片側に1本」ある。
※アマドコロには数本ある
4. 花びらは1枚1枚がはっきり分かれて見える。

端整で美しい身近な毒草

有毒種。身近にとても多い。

そっくりなのに〝正反対〟

知るほどに「おもしろいなあ」と思えるのは、「よく似ているのに、まるで違う」ものが自然界にはたくさん存在すること。

ホウチャクソウは、前出の美味しい2種と雰囲気がとてもよく似ているので悩ましい。よく似た環境に育ち、見る機会が圧倒的に多い。これを食べると下痢・腹痛・嘔吐でもんどり打ち、痛みや虚脱に悩まされる。アマドコロなどの滋養強壮とはまるで逆。

新芽の姿は美味しいアマドコロやナルコユリと非常によく似ているので大変危険。もう少し大きく育つと分かりやすくなる。ホウチャクソウは茎が上部でY字形に枝分かれするし（例外あり）、花の形がかなり違う（例外なし）。たいてい群れて暮らすので、こうした場所を覚えて避ける。

ヤバイ

オオチゴユリ。大柄に育ち、茎が上部で枝分かれするほか、果実の色が「緑色」（チゴユリの果実は「ルリ色」系）

ヤバイ

チゴユリ　多年草

Disporum smilacinum

分布：北海道〜九州

居所：ヤブ、雑木林、宅地周辺、丘陵など

特徴

❶新芽は「とても小さな筆先」風。

❷葉は小さくて寸詰まり。幅は広め。茎は１本立ちする。

❸つぼみと花が茎の「先端部だけ」につく。

見慣れるほど愛らしくまぎらわしい

有毒種で食用不可。身近にとても多いので要注意。

ちょっと似ている〝落とし穴〟

身近にはもうひとつ、有毒種のチゴユリがいる。

新芽や小さな苗の姿がアマドコロやナルコユリとそっくりで、しかも身近な雑木林や公園などにたくさんいる。

春先、散歩の途中でアマドコロやナルコユリの若い苗を「いっぱい見つけた！」と興奮したら、まずもって疑うべきはホウチャクソウかチゴユリである。どちらも清楚で美しい生き物であるから、観賞価値は高く、心が潤う。食べられないだけ。

チゴユリは花の姿と花がつく位置に明らかな違いがある。つぼみの時期でも見分けがつくので（上図右上）覚えておきたい。

やや大型に育つオオチゴユリもいて、これも有毒種である。

植物毒はキョーレツです

有毒植物で中毒する事故は毎年起きている。過去10年間（2013～2022年）、中毒者が多い有毒植物を順番に並べると、第3位がクワズイモで51名、第2位がスイセンで216名、そしてズバ抜けて多いのがジャガイモで313名。

特に「光に当たったジャガイモ」は、猛烈な勢いで有毒成分のソラニンなどの増産を始め、より中毒しやすくなる（すべての中毒患者は調理済みのものを食べている）。表面や中身が「緑っぽく」なるのはソラニンたちが豊富な証拠。「栽培するとき」と「保管するとき」は、光に当ててはいけない。

さらに、ジャガイモを掘ったつもりが、誤ってイヌサフランを食べてしまう事故も起きている。

イヌサフランに含まれるコルヒチンはとんでもない猛毒で、体重50kgの人なら球根ひとつかそれ以下で致死量になると推定されている（推定半数致死量：86μg／kg）。なんとか生き延びられたケースでも、快復までに1か月以上も要している。

こうした猛毒草を育てる場合、庭や菜園には植えず、プランターや鉢植えで楽しみたい。

イヌサフランの花

ジャガイモ（'アンデスレッド'）の花

イヌサフランの鱗茎と根。球根として扱われる

ジャガイモの地下茎。新芽と変色部が有毒

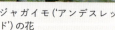

第2章

野菜によく間違えられる毒草

美味しいニラとよく似た毒草、〝香り〟の違いで危機回避

スイセン
(52ページ)

ヒガンバナ

リコリス類
(ヒガンバナの仲間)

ニラ

キツネノカミソリ

オオアマナ

食欲をそそる魅力のニラ。葉先もよいが、根元に近い部分が特に香り高く、美味である。民間薬の世界でも葉が止血、解毒に、種子は強壮・強精・興奮作用のほか腰痛の緩和などにも使われてきた。

たまに無性に食べたくなるこの〝美味しい薬草〟の魅力が、毎年、集団食中毒事故を起こす。

とりわけ冬から春、ニラは甘味がのった美味しい新芽をたくさん伸ばしてくるのだけれど、ちょうどその時期、毒草たちが庭や道ばたからそっくりな新芽を伸ばしてくる。

どのような毒草と似ているのか、なぜ事故が起きてしまうのか——中毒しないために不可欠なポイントを整理してみたい。

ニラ　多年草

Allium tuberosum

利用：葉、花、種子

収穫：ほぼ通年

分布：本州〜九州

居所：畑地とその周辺

特徴

1. 葉は平べったく、強烈な香りがある。
2. 小さな白花をテーブル状に咲かす。
3. 根には鱗茎があり、そこから根茎を伸ばしてよく殖える。

風味を彩る伝統野菜

お浸し、和え物、炒め物などに使える、万能香味野菜。

プロでも間違うその怖さ

もっとも注意が必要なのがスイセン。ニラの葉とうりふたつで、野辺はもちろん庭や菜園で間違える事故が多発する。

２０２２年、京都では園児12人が調理されたスイセンの葉で集団食中毒を起こす。同年の埼玉、２０１６年の石川では、農産物直売所でニラと表示されたスイセンの葉が販売されてしまう。

２０１６年の北海道では、自宅でニラだと思いスイセンを調理して食べた男性が数日後に死亡するなど、事故が引きも切らない。

まずは野菜やハーブなどの食用植物の近くにスイセンを植えないことが大切。

そして確実にニラを見分けるには「香りの有無」が決め手。収穫時や下ごしらえのときに「香りを確認」するだけでよい。

ヤバイ

ヒガンバナ　多年草

Lycoris radiata

分布：本州〜沖縄

居所：宅地、耕作地周辺、土手など

特徴

❶葉は平べったい（見た目はニラの葉とそっくり）。
❷葉の中心に白い筋模様が入る。
❸ちぎっても青臭いだけ。

秋色に染める麗人

全草にアルカロイドのリコリンなどが含まれ、嘔吐、腹痛、下痢のほか、重症化すると中枢神経系に障害を起こす。

道ばたで見ると意外に〝難解〟

ヒガンバナが有毒であることは有名だけれど「それぞれの葉を比べて見よう」と思いつくことは、普通あまりない。ヒガンバナの春の葉は、ニラやスイセンとそっくり。つまり宅地や耕作地にはよく似たものがたくさん入り乱れているのである。

ヒガンバナの葉をよく見ると、葉の中心に白い筋が入ることが多い（上図）。ニラの場合、こうした白い筋が走ることはない。

最近はヒガンバナの仲間でリコリスという名の園芸種もよく植えられる。葉や花のフォルムはヒガンバナとそっくりで、花色には多彩なバリエーションがあり、結実する（ヒガンバナは結実しない）。あちこちに植えられる人気の園芸種だが、これらも有毒。ニラと間違えぬよう注意したい。

オオアマナの葉は中心部がへコんでおり、白い筋模様を浮かべる

キツネノカミソリの葉は平らで、先端が赤紫色に染まっている

ヤブや雑木林にいるキツネノカミソリの葉（有毒）もそっくりだが、葉の先っぽが暗い紫色に染まる傾向がある。

宅地のまわりで殖えているオオアマナという種族にもご用心。これも誤って食べると嘔吐、胃痛、下痢などを引き起こす。葉はやや細めで、中心部がへコむ傾向がある（断面がC字形になる）。

どれも花が咲けば簡単に見分けられるが、葉のシーズンの特徴をすべて覚えるのはとても厄介。

ありがたいことに、ニラには「強い香り」があるけれど、ここであげた毒草たちはすべてそれを欠く。

重大な中毒事故が庭や菜園でよく起きることから、どんなに美しくとも食べるもののそばに有毒種は植えないよう心がけてみたい。

本章ではそんな代表事例をご案内する。

なぜだか無性に食べたくなるゴボウの魅惑と危険性

ブルグマンシアの仲間
（キダチチョウセンアサガオ・コダチチョウセンアサガオ）

ケチョウセンアサガオ

チョウセンアサガオ

ゴボウ

ヤマゴボウ

グロリオサ
（49ページ）

ヨウシュヤマゴボウ

マルミノヤマゴボウ

住宅地のまわりでは、ゴボウと間違える中毒事故も発生する。

庭や菜園で掘り上げた根を食べて救急搬送されるケースでは、中毒症状は非常に重く、しばしば死に至る。

収穫した根だけを見て識別するのは非常に困難だが、中毒の予防法はとても簡単。

事故の多くはグロリオサのほか、チョウセンアサガオの仲間、ブルグマンシアの仲間、ヤマゴボウの仲間を食べることで起きる。

これらを菜園に植えないようにするのが第一。もしもすでに植えていたら、開花期に花を見ておき、場所を移動させたり鉢植えに植え替えたりすればよい。

花の識別はとっても簡単。

うまい

ゴボウ　越年草

Arctium lappa

利用：根、葉（品種による）

収穫：秋

分布：栽培種（中国〜ヨーロッパ原産）

居所：畑地とその周辺

特徴

❶茎葉は大きく展開し、巨大化する。
❷アザミのような花をたくさん咲かせる。
❸根は地下に向かってまっすぐ伸び、表面の色は黒っぽい。

日本が愛する大地の香り

キンピラ、煮物、炒め物、椀物の具などに。

日本が愛する〝土の味〟

ゴボウは中国からヨーロッパにかけて野生する植物。

日本には平安時代にやってきて、盛んに栽培されるようになったのは江戸時代。

一方、原産地の中国やヨーロッパでは一般家庭に馴染むことはなく、むしろ土臭い風味が嫌がられるようである。わたしたちはまさにその香りを楽しみ、たまに無性に食べたくなるのだからふしぎなもの。

ゴボウは家庭菜園でも簡単に栽培できる。自家製ゴボウの香味と食感は本当に素晴らしい。むかしから自分で育てて楽しむ家庭が多い理由がよく分かるほど。

立ち姿も壮大で美しく、装飾効果も抜群。アザミのような花がたくさん咲き誇り、しっかり結実し、こぼれダネでよく殖える。

ヤバイ

ケチョウセンアサガオ 多年草

Datura wrightii

分布：園芸種（南北アメリカ大陸原産）

居所：宅地周辺、草地、荒れ地など

特徴

❶茎と葉にやわらかな白毛が密集し、やや白っぽく見える。

❷美しいラッパ状の白花を上向きに咲かせる。

❸結実は球形で短いトゲが密集。「下向き」に垂れ下げる。

野生化が進む有毒帰化種

そっくりなチョウセンアサガオは「ほぼ無毛」で「果実は上向き」につく。毒性は両者とも遜色なく、つぼみ、花、種子、茎葉、根のすべてが有毒。つぼみの姿をオクラ、根をゴボウと誤認して中毒事故が起きている。

呪術が愛する〝混沌の味〟

チョウセンアサガオの仲間は園芸種として愛され、庭や畑に植えられてきたが、これが元気よく逃げ出して野生化している。

世界各地の医療や呪術に使われる薬草で、強力な麻痺、鎮痛作用をもつ。これを摂取すると、嘔吐、痺れ、頭痛に襲われ、それが一気に解放されるや神がかり的な幻覚世界をただよう。数時間ほどで作用が落ち着くと、今度は腹痛、吐き気、激しい下痢、便秘などの副作用に長く苦しむ。呪術師というお仕事は本当に大変である。

この仲間を観賞用に植えたあと、誤って食べてしまう事故が続出している（海外では死亡事例もある）。近年、日本ではケチョウセンアサガオが拡大中で、いつの間にか菜園に侵入してくることも。この仲間は全草が有毒で、

ヤバイ

ブルグマンシアの仲間　樹木

（キダチチョウセンアサガオ・コダチチョウセンアサガオ）

Brugmansia spp.

分布：園芸種（全国）
（中南米原産）

居所：宅地や畑地の周辺

特徴

❶低木〜高木に育つ大型種。

❷花色はさまざまで、花を下向きに咲かせる。

香りの高い猛毒樹

開花した花には甘美な香りがあるが、ときに頭痛・悪心を誘う。全草が猛毒。根をゴボウ、つぼみをオクラと誤認して中毒事故が起きている。

加熱調理をしてもダメ。

ブルグマンシアの仲間も似たような猛毒をもつ。エンジェル・トランペットなどの名前で販売される園芸種で、大きさから花色まで多彩な品種があり、庭や畑に植えられる。

チョウセンアガオよりずっと大きく育ち、秋から冬まで美しい花をたくさん咲かせてくれるので、装飾花としてとても重宝する。

畑のまわりに植えられることも多い。冬には地上部を枯らすため、ゴボウなどの根菜類との見分けがむつかしくなり、誤食事故を招く。しかも、本種は手入れの際に保護具の着用が求められる猛毒種。海外では切り口から出た液汁が目に入り視力異常を起こした事故も。

チョウセンアサガオとブルグマンシアの仲間たちは、いずれも原産地では極めて神聖な存在として崇められている。日本でもぜひ丁重にもてなして、正しく恐れたい。

ヤバイ

ヤマゴボウ　多年草

Phytolacca acinosa

分布：北海道〜九州

居所：宅地や畑地の周辺、雑木林など

特徴

❶花穂は「まっすぐ立ち上がる」。花の色は「白」。

❷雄しべの花粉は「濃いピンク」。

❸葉の先端部が尾状に伸びない。

※ヨウシュヤマゴボウ（左ページ）の葉先はやや尾状に伸びることで区別できる

いまや珍しい珍品毒草

名前は有名で分布も広いが、滅多に出逢えぬ珍品になった。有毒で利用はできないが、本物に出逢えたときの喜びはひとしお。

うまそうなお名前ですが

ヤマゴボウという語感は、だれにとっても美味しい山菜と思わせる魔力がある。

けれども植物の標準和名にヤマゴボウとつく種族は有毒。それも強毒性である。

さて、お土産売り場や食品店で「ヤマゴボウ」とあるのは、おもにアザミの仲間たち（モリアザミ〈栽培種〉、オヤマボクチ、ゴボウなど）の根が使われていて、植物名にヤマゴボウとつく種族は使われていない。

ヤマゴボウは、幸か不幸か、なかなか出逢えぬ珍品となった。身近に多いのはヨウシュヤマゴボウで、やはり有毒。原産地の北アメリカでは食用とされ、日本でも食べる方々がいる。しかし原産地では中毒事故が続出して大問題になっており、２０００年には大学生が死亡する事故も発生している。

ヤバイ

ヨウシュヤマゴボウ　多年草

Phytolacca americana

分布：帰化種（北アメリカ原産）

居所：宅地や畑地の周辺、雑木林など

特徴

❶花穂は開花が進むにつれて「垂れ下げる」。花の色は「淡い桃色」。
❷雄しべの花粉は「白色」。
❸根は深くまで伸び、色は黄土色系。
※ゴボウの根は黒色系

ド派手で壮麗な巨大毒草

身近でよく見るのはもっぱら本種。全草が有毒で、甘い果実も有害。
※近縁種のマルミノヤマゴボウは花穂が「立ち」、花粉の色が「白」

ここに含まれるフィトラッカトキシン、フィトラッカサポニンは激しい胃腸障害と重度の痙攣発作を引き起こし、ときに命を奪い去る。この成分は黒く熟した〝甘い果実〟にも含まれ、この果汁が皮膚につくだけでも皮膚炎を起こしやすくなる。

子どものころ、果実を遊びに使ったり、美味しく食べたりした人が少なくないため、警戒心がとても低い。

そればかりかヤマゴボウは「食べられる」「根が身体によい」とだれかに言われて信じてしまい、試しに食べて中毒する事例がときどき報告される。

安易な利用情報にはくれぐれもご用心を。特別な下処理をしない限り、家庭では煮ても焼いても漬け物にしても中毒する。

ゴボウ（野菜）とは、花や葉の形がまるで違うため、区別は簡単である。

うまい

お馴染みのサトイモ、野良ものに触れるべからず

サトイモ　多年草

Colocasia esculenta

利用：イモ、葉柄（品種による）

収穫：夏（葉柄）、秋（イモ）

分布：栽培種（一部地域で野生化）

居所：畑地とその周辺

特徴

❶茎葉は大きく展開し、身の丈を超えるほど巨大化する。

❷葉の裏にツヤはなく白っぽい。

※ただし、立ち姿や葉の特徴は品種によって変化

身体に沁みる甘さとウマ味

イモは煮物、焼き物など。皮つきのままオーブン（200℃）で焼き、皮をむきつつ塩をつけて食べると美味。

突然だが、日本のお祭りや儀式では、美味しい〝お餅〟が付きものである。なにか嬉しいことがあれば「んだば餅でもつくべさ」となり、みんなで喜びを分け合ってきた。

〝お餅〟と言えばお米のイメージがあるけれど、その原型はサトイモではないかと言われている。サトイモの栽培は、縄文中期にはすでに始まっていたとされ、その歴史は米作りよりもずっと古い。

喜びを運ぶイモ

古来、サトイモの収穫、それ自体が格別な幸福であったようだ。無事に収穫したサトイモをお餅にしてお祝いしたほか、お正月や8月15日などの大きな祝いの席でも神々に捧げ、一緒に楽しんできた。

お餅にして楽しむ地域がいまも残っており、日々の暮らしでもその個性的な風味と食感を

愛してやまないわたしたちがいる。

サトイモは、その大柄な見た目と違って、とても繊細な生き物である。たくさん収穫するには多くの気遣いが欠かせない。

祖先らは根気よくお付き合いを重ねてゆき、多彩な美味しいサトイモたちを産み出した。

いまやイモだけでなく、葉柄もイモガラ、ズイキとして美味しく楽しめるものもある。多くの品種が産まれた一方、品種ごとに食べることができる部分が違ってきた。決してこれを間違えないようにしたい。

「葉柄が食べられる品種」でイモは食べないというものがあれば、その逆もある。

たとえば、土垂（ドダレ）という品種は「子イモを食べる品種」としてお馴染みで、親イモはあまり食用にされず、葉柄は有害。もしも間違って食べると、次にご紹介するクワズイモと同じ中毒症状で苦しむことになる。

ヤバイ

クワズイモ 多年草

Alocasia odora

分布：四国南部、九州南部、沖縄

居所：雑木林の中や周辺、園芸店など

特徴

❶見た目はサトイモと同様だが、いっそう巨大化する。

❷葉の両面がツヤツヤした緑色。

※上記は一例。サトイモの地域品種が多彩なため、明確な識別点は確定しきれない

微小な"鋭い針"が満載

クワズイモの全草にはシュウ酸カルシウムの針状結晶が豊富で、摂食すると粘膜に突き刺さり、焼けつくような痛みが広がる。サトイモも「イモを食べる品種」の場合、葉柄には針状結晶が豊富で同じ有害症状を引き起こす。

灼熱地獄を誘うイモ

サトイモは栽培地のまわりで野生化していることがある。なにしろよく目立つので目につきやすく、うっかり食欲をそそられてしまいがち。

こうした野良イモはとても危険である。サトイモには多くの品種があり、食べられる部分がそれぞれ違っているということをご案内してきた。

つまり品種が分からぬまま食べてしまうと中毒する可能性が高い。

さらに温暖な地域には、そっくりなクワズイモも野生する。見た目がほぼ一緒なので非常に厄介。重要な特徴として、巨大な葉をよく見れば、葉の〝両面〟がツヤツヤしている。畑のサトイモの場合、葉の裏はツヤがなく白っぽいことが多い（品種や環境によって変化する）。

クワズイモで中毒する事故は近年も続発している。たとえば2020年の熊本県では、自宅のそばで野生化していたクワズイモをサトイモの仲間だと思って料理してしまい、中毒した（毎日新聞）。

クワズイモは観葉植物として人気が高く、温暖な地域で庭や畑に植えようものなら、目をみはるような豪華絢爛さに育ってみせる。これが悲劇となることも。

2020年の大分県では、とある農家がクワズイモの葉柄を誤って収穫・販売してしまい、食べた人が軽症を負った。症状は口内やノドに焼けつくような痛みが広がり、嘔吐・下痢などの胃腸障害を起こした。

ひとたび収穫して葉柄だけになると、もはや区別のしようがない。庭や菜園に植えるのはミスを誘うため避けておく。そして野辺でのサトイモの収穫はしない方がよい。

美味しいヒョウタンは〝味見〟で見分ける

うまい

ユウガオ　1年草

Lagenaria siceraria var. *hispida*

分布：栽培種
（アフリカ原産〈推定〉）
居所：宅地、畑地

特徴

●結実は楕円形や長楕円形のものが多い。

苦味があれば箸を置く

食用種であるが、スーパーの野菜コーナーに売られていたものによる食中毒の事例もまれにある。ユウガオは下ごしらえのときに「味見」して、苦味があったら調理せず、そのまま廃棄する。

ユウガオは、カンピョウの材料としてお馴染みで、スーパーでもよく見かける。

ユウガオを育てると、思わぬ楽しみに恵まれる。夕暮れどき、陽が傾いて涼風が吹き抜ける時分、純白の花を風に舞うスカートのようにふわりと広げ、まもなく清楚で甘い香りを夜陰にたなびかせる。

やがて実る結実は、楕円形のもの、球形になるものがあり、いずれも大きくふくらんで食べごたえも十分。その優しい甘味が煮物、椀物にとってもよく合う。

驚くべきは、人類がこの植物に向ける好奇心である。アジアでは約1万6000年前にはすでにこの仲間を育てていた痕跡が残されている。

日本では約5000年前の縄文遺跡から発見されている。

この途方もなく長い時間をかけて、人は多

くの知見を積み重ねてきたけれど、いつの世もごく単純で、しかも大事なことが欠落する。

思い込みにご用心

「ユウガオなら食べられる」とだれもが思う。植物を正しく見分け、食用種であると分かれば安全――と考える。ところが祖先たちは、見た目よりも〝味見〟を重視して安全性を確かめていたようなのだ。

ユウガオは、食べたときにやや強めの苦味やエグ味を感じることがある。その場合、すみやかに箸を置き、すべてを廃棄したい。そのまま食べ続けると、腹痛、嘔吐、下痢などの中毒症状に悩まされる（２０１９年長野、２００８年山形ほかで事故発生）。

同じくウリを食用とするズッキーニも、苦味があると同様の中毒症状を招くため、我慢して食べない方がよい。

ヒョウタン 1年草

Lagenaria siceraria

分布：栽培種
（アフリカ原産〈推定〉）

居所：宅地、畑地

特徴

●多彩な園芸改良種がある。ヒョウタンの形もバラエティー豊か（左図はすべて千成《せんなり》ヒョウタン）。

すっとぼけた愛嬌が愛されて

ヒョウタンは有毒種である。ただ近年「食用ヒョウタン」という改良品種が登場し、販売される。小さなヒョウタンのような形をしており、さっぱりした味で食べやすいという。

実はぜんぶ同じ種族

ヒョウタンがぷらりと下がるその姿。なんとも愛嬌にあふれてたまらない。

ヒョウタンにはいくつもの品種があって、大きく実るヒョウタン、小さな千成《せんなり》ヒョウタンなどさまざまな楽しみがある。

むかしからいろいろなタイプが知られていたようで、6世紀の中国の農業書『斉民要術《せいみんようじゅつ》』では葉を食用に、ヒョウタンの外皮は容器として使用するとし、一方で、甘いものと苦いものがあり、苦いものは食用不可とする。

実際、ヒョウタンの仲間は有毒植物として知られ、間違って口に運ぶとひどい胃腸障害でとても苦しむ。

前述したユウガオもヒョウタンの仲間なのだが、古文書がいう「甘いもの」に当たり、「たまたま美味しい」という位置づけだ。

苦味が少なく、食べやすいタイプをユウガオと呼び、苦味が強めでオマケに腹を壊すのをヒョウタンと呼ぶ。つまり同一種の中で、食べられるものとそうではないものが混在している、ということになる。

「苦い」という感覚は、おもにククルビタシン類という成分によるもの。摂食すると口唇の痺れ、悪心、嘔吐、腹痛、下痢などを起こす。軽症で快復するとされるが、本人は相当キツいようなので用心したい。

たとえば２０１４年、ヒョウタンを食べてしまった女性は中毒を起こして２日間も入院した。有毒な観賞用ヒョウタンが、とあるホームセンターで「食べて美味しい」と紹介されていたのが原因だという。

いろいろな意味で混乱に拍車がかかっているヒョウタンの世界。あらためて自分の味覚を信じ、思い込みにはご用心。

イヌホオズキと困惑

日本の道ばたには、食用イヌホオズキとうりふたつのものがたくさんあって、好んで食べる人もいる。

世界各地からやってきた多くの種類で構成され、一般的な野草図鑑ではまず紹介されることがない。

たとえば、下図のような果実を見て採取し、楽しむ方も少なからずおられるだろう。しかしすべてが別種で、原産地（海外）でも食用を避ける傾向にあるのが実情である。こうした野生種は有毒成分を豊富に含むためで、「食用種」とは明確に区別される。

食用イヌホオズキの「ガーデンハックルベリー」という品種は、ジャムにすると美味しいと評判で、育てる人が増えた。ただ、相性が悪い人は確かにいるので気をつけたい。

イヌホオズキの仲間はジャガイモと同じ有毒なソラニン、チャコニンを生産する。油分に溶けやすく、水にも溶け出す性質があるため、果実をそのままジャムにすれば、濃縮された有毒成分を丸ごと食べることになる。食用種に含まれる量が少ないとしても、連日、たくさん食べるのは避けたい。ソラニンの毒に対する感受性は「個人差が大きい」こともあるので、少量ずつ試すのがよい。

ガーデンハックルベリー

イヌホオズキ

アメリカイヌホオズキ

テリミノイヌホオズキ

ムラサキイヌホオズキ

第3章
うまい雑草、マズイ野草

ミツバの思わぬ落とし穴！美味しい山菜の選び方は

うまい

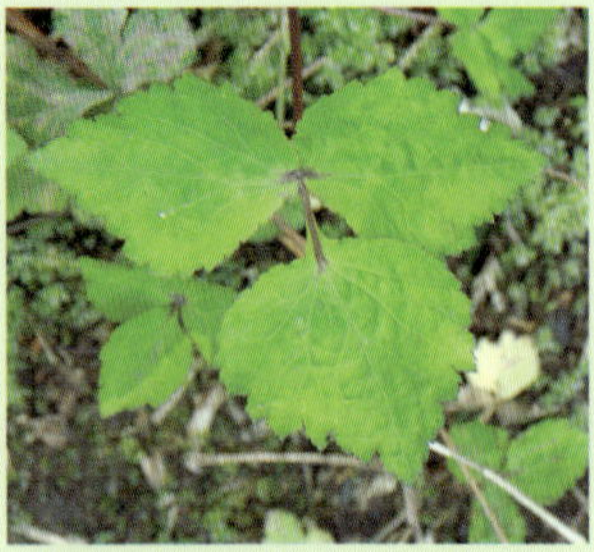

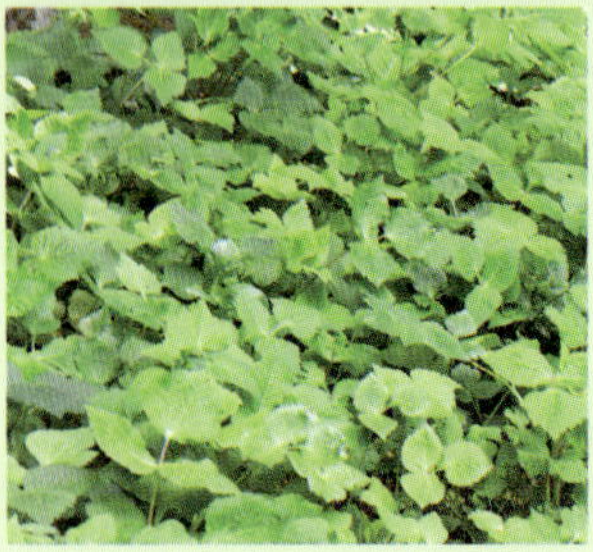

ミツバ　多年草
Cryptotaenia japonica

利用：茎葉
収穫：春〜晩春（開花前）
分布：全国
居所：ヤブ、草地、雑木林の中

特徴

❶葉は３枚の小葉に分かれる。この葉姿（３枚）は開花期でも変わらない。
❷花の姿がウマノミツバと明らかに違い、小さいながらも白い花びらが目立つ。結実は細長い楕円形でトゲはない。

食卓の“名わき役”

ナマの葉を薬味、彩りに。加熱しない方が香りが残るが、その場合は衛生上、水洗いを丁寧に。

ミツバは身近によくいる〝山菜〟。野生のものは、その香味がひときわ高く、食べる喜びもひとしお。

むかしから「家庭の美味しい解毒薬」として愛され、食欲不振、体調不良のときには食卓の一品に加え、家族の健康を支えてきた。なかなかどうして実力派の薬草なのである。

ところが山野で採ったミツバが「ちっとも美味しくありません」とわたしに訴える方々が結構いらっしゃる。

結論を言えば、よく似た違う植物を採ったか、あるいは正しいミツバであっても選び方を間違えたか、である。正しいものを選び、試食してもらうと、それまで曇っていた顔が明るくほころんだ。

美味しいミツバを見抜くのは、それほどむつかしくはない。まずは、〝顔色〟をうかがってみることだ。

香りと食感がケタ違い

公園の雑木林や丘陵の道ばたなどでごく普通に見つかる。日なたと日陰のどちら側にもいるけれど、ミツバは「水気を好む生き物」なので、イキがよいのは日陰のもの。日なたのミツバは若いうちから筋張って、香りも少なく、顔色も悪い（黄ばみがち）。生きるのに必死で美味しくなる余裕がない。

山菜たちには「それぞれが好む環境」が確かにあって、そこで育つものが最上級品。上級者はこれを知っているから、だれよりも格段に美味しいものだけを手に入れる。

ミツバの収穫なら、雑木林の、湿り気がある木陰で育ったものが狙い目。さらに葉の感触がやわらかなもので、切り口から立ち上がるその香りが、繊細な嗅覚を楽しませてくれたものだけを贅沢に選ぶ。

ウマノミツバ　多年草

Sanicula chinensis

分布：全国

居所：ヤブ、雑木林

特徴

❶幼い葉は３枚の小葉に分かれるが、成長すると深い切れ込みが入って５枚のように見えてくる。

❷花びらはほとんど目立たない。結実にはトゲトゲがある。

間違えると心底くやしい！

多少食べても問題はないことがほとんど。香味はほぼなく筋張るだけで「くやしさ」の後味ばかりが引き立つ。「馬に食わせるのがせいぜいだ」というのがウマノミツバの名の由来である。

花期の姿

結実

シンプルなむつかしさ

春の恵みを楽しむイベントでは、土地の所有者の許可を得て、みんなでミツバの採取にいそしむことがある。あらかじめ見分け方を説明しても、収穫カゴの中には結構な割合で、そっくりなウマノミツバが寝そべっている。それくらい新芽の姿がミツバとそっくりで、非常に悩ましい。基本的な違いは次ページ図のようになるが、「香り」を確かめれば悩む必要がない。

ウマノミツバに美味しそうな香気は宿らない。有毒種と言われたりするが、毒性の詳細は知られておらず、多少食べても無害で済むことがほとんど。間違えても慌てる必要はないが、まんまとだまされた口惜しさはひとしお。

そしてもうひとつ、伏兵がいる。

身近な雑木林にはノダケも住んでいる。

マズイ

見分けのポイント

葉

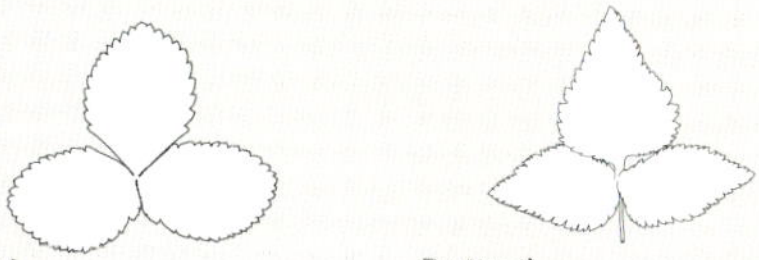

ノダケ

新芽の時期、小葉のフォルムは楕円形で、葉のギザギザが均等に入る

ミツバ

基本的に葉に切れ込みはない（例外あり）。葉のギザギザは不均一

ウマノミツバ

葉に切れ込みが入る

ノダケの若葉。本州（関東以西）、四国、九州の雑木林や山地に住む。草丈は 1m を超えることが多い

ノダケの花期の姿

成長すると１ｍを超える大型に育ち、葉と花はミツバとまるで違って華やぎがある。しかし若葉のころはミツバとそっくり。小葉のフォルムが楕円形で、葉の縁にあるギザギザが丸みを帯びて整った雰囲気がある。ミツバの場合、葉の縁のギザギザはとても鋭く複雑に切れ込む。

ノダケも山菜だが、ミツバのような高貴な香味はない。やはり「香り」で区別が可能なのだ。ノダケ独特の風味を好む人もいるが、ミツバの香味を期待して食べると、あからさまにガックリくる。

さて、正解であるはずのミツバも、場所やシーズンが違えばマズイことが多い。これは煮ても焼いてもどうにもならない。

収穫のときに、やわらかく、香りが高いものだけを収穫する。野外では自分の五感をフル活用して遊んでみたい。

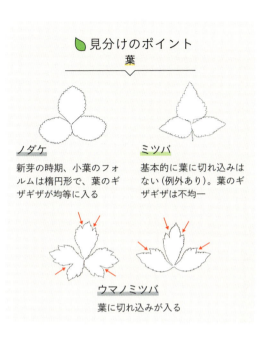

試してナットク、迷惑雑草の美味しい真価

オオバコ　多年草
Plantago asiatica var. *asiatica*

利用：葉、種子
収穫：春、初冬（葉）、夏〜冬（種子）
分布：全国
居所：道ばた、砂利道、草地など

特徴

❶葉は大きなスペード形。葉の縁がゆるやかに波うつことも。
❷カプセル型の結実の中に、タネが４〜６個入っている。

見分けやすくて活用しやすい

サラダ、天ぷら、お浸し、和え物、炒め物、ピザやパスタのトッピングなどに。あまり加熱しない方が香りが残る。

味と香りは一級品

見た感じ、なんの変哲もない雑草であるオオバコは、知るほどにとんだ変哲（普通と違うこと）に満ちている。食材としての価値は非常に高く、薬草としても極めて重要。ここでは述べぬが、進化と生態も奇妙奇体な変哲だらけ。

まずは気になる味わいから。元気な葉をナマで食べると、噛んでいるうちに高級キノコを思わせる芳醇な香味が口いっぱいに広がり心地よい。歯切れもすこぶる良好。

ただ、オオバコならなんでもよいわけではなく、美味しいものを選ぶ必要がある。

もっとも美味しいのは、春と冬に伸ばしてくる若い葉。そして無傷のものを選ぶことがもっとも重要なポイントだ。傷ついた葉を食べると苦味・エグ味が強い。

うまい

セイヨウオオバコ　多年草

Plantago major var. *major*

利用：葉、種子

収穫：春、初冬（葉）、夏〜冬（種子）

分布：栽培種など（北海道、本州、沖縄で野生化）（ヨーロッパ原産）

居所：道ばた、砂利道、草地など

特徴

❶全体の姿はオオバコとほぼ一緒（やや大柄になる傾向はある）。

❷カプセル型の結実の中にあるタネは７〜25個と多い。

西洋ハーブとして高い人気

オオバコと同じ料理法で美味しく楽しめる。タネや苗が販売されるが、各地で野生化が進み、道ばたで確保できることも。タネの数で見分けるのが一番分かりやすい。

美味しくて身体にも優しい

まずはシンプルに天ぷらで。ころもを薄めにして、軽く揚げたらちょいと塩をつけ、オオバコの味わい深い香味をそのまま堪能。

少量のバターを溶かしたフライパンで塩・コショウしたお肉と炒めても美味。

夏から冬に実るタネも、ナッツのような香味にあふれ、サラダや脂っこい肉料理に振りまくだけでも美味しいアクセントに。

オオバコの魅力は風味だけではない。

全草が生薬原料とされ、咳止め・去痰薬として市販のカゼ薬やノド飴などに配合される。タネは美容の世界で珍重され、ダイエットや便秘改善で人気が高く、なかなか高価で取引される。身近にはそっくりなセイヨウオオバコも混ざっているが、これも大変美味しく同じ利用法で楽しめる。

雌花

雄花

ヘラオオバコ 多年草

Plantago lanceolata

利用：葉

収穫：春、初冬

分布：帰化種（全国）
（ヨーロッパ原産）

居所：道ばた、砂利道、草地など

特徴

❶全葉は細長い「さじ形」。全草がやわらかな毛に覆われる。

❷花穂の形が槍の穂先のようになる。

病魔を祓う美味しい薬草

料理の楽しみ方はオオバコと同様。クセはまるでなく食べやすい薬草だが、採取は環境のよい場所で。

〝聖なる植物〟が食べ放題

ヘラオオバコは、いまやどこでも見かける雑草になった。ヨーロッパ原産の帰化植物で、ツンツンと並んで咲く花の姿が、ロリポップみたいでとてもユニーク。

この細長い葉が、なかなか美味しい。

ヨーロッパの歴史では、長く薬草とされ、しつこい咳を鎮め、痰を取り除き、あるいは消化器系の改善などに処方される。また病魔や邪気を追い払う〝聖なる植物〟として敬愛された経歴をもつ。向こうの国々では、日常の困ったことを助けてくれる、とてもありがたい存在のようである。

収穫と料理は日本のオオバコと同じ。傷のない綺麗な葉を摘んで、天ぷら、和え物、炒め料理で。とても食べやすく、しかも採取は身近でいくらでも。

マズイ

ツボミオオバコ　越年草

Plantago virginica

分布：帰化種（全国）
（北アメリカ原産）

居所：道ばた、砂利道、駐車場など

特徴

❶幼葉はヘラ形。全草がビロード状のやわらかな毛に覆われる。

❷カプセル型の結実の中にあるタネは２個ぽっちり。

オオバコと間違える人が多い

宅地や市街地に多く、迷惑雑草としてお馴染み。料理研究家の中には本種をオオバコと思い利用する人もいるようだが、食用には向かない。毒性こそ知られぬが、美味しくもないので気をつけてみたい。

食えないけれども愛らしさ満開

身近にはツボミオオバコたちもたくさん住んでいる。雰囲気がオオバコとよく似ており、オオバコと勘違いして食べる人もいるが、食用には不向きなのでご注意を。

特徴は、全身にビロード状の毛をまとい、指先で撫でればふんわりとした微笑ましいやわらかさにあふれているところ。ときに葉色を赤ワイン色に染めることがあり、こうなるとひときわ上品な装いに。

道ばた、砂利道、駐車場のすみっこなどに好んで住みつき、たいてい大家族となって賑やかな暮らしを楽しんでいる。園芸家からすると、このコンパクトさがすこぶる愛らしく、数が殖えるほど美しい絨毯が敷き詰められたような風情となる。すぐさま除草されてしまうが、たまには愛でてみてはいかがであろう。

手軽で美味しい香味野草は、ひとまず〝見分け〟が重要

タネツケバナ　1年〜越年草
Cardamine occulta

利用：地上部、種子
収穫：ほぼ通年（夏を除く）
分布：北海道〜九州
居所：道ばた、草地、雑木林など

特徴

❶立ち姿は大きめに育ち、茎葉の茂り方は散らかったように崩れがち。
❷茎と葉柄には「毛」がある（毛の量には変化が多い）。
❸先端部の葉はほかの葉より大きめ。

食欲を刺激するアクセント

サラダ、天ぷら、お浸し、和え物、炒め物などに。素材の味がよいのでシンプルな調理法で。

タネツケバナは、園芸家に手痛い抗議をすることで知られる。

タネをつけた時期に引っこ抜くと、豆鉄砲をパチパチッと撃ってくる。その威力はたいしたもので、頬やまぶたを直撃すれば「ひゃあ」だの「うへぇ」だのと思わず悲鳴を上げてしまうほど。

この小さな雑草がとても美味しい。料理研究家も愛用するほど優秀な食材なのだ。

どこにでもいて、欲しいときに収穫でき、使い勝手がとてもよい。

ただ、身近には「よく似た仲間たち」が多く住み、それぞれの味と便利さに明らかな違いがある。

ここでは特に美味しい2種をご紹介し、それら以外との見分け方の基本をご案内する。これを押さえて野草の世界をぐっと豊かに楽しんでみたい。

とっても美味しい胃腸薬

タネツケバナにはクレソン（肉料理に添えられる野菜）を思わせるピリッとした香味がある。青臭さはまるでなく、むしろ噛むほどに深い味わいが広がってくる。

生薬としての横顔もあり、咳止め、健胃、整腸、膀胱炎の改善などで活躍する。

この旬であるが、基本的に、ない。少なくとも現代ではなくなりつつある。

そこらじゅうの道ばたや草地にいるけれど、休耕田や水辺にいるものは特に美味。

料理のポイントはさっと茹でること。ピリッとした辛味とシャキッとした歯ざわりは残したい。湯の中でさっと躍らせ、流水で身を引き締める。そのままお浸しにするか、ゴマ、クルミ、マヨネーズなど油分があるものと和えればとっても美味しい。

オオバタネツケバナ

越年草

Cardamine scutata

利用：葉、種子

収穫：ほぼ通年（夏を除く）

分布：北海道～九州

居所：雑木林、丘陵、山地など

特徴

❶全体の姿はタネツケバナと同様か、ずっと大柄に育つ。

❷茎と葉柄に「毛はない」か「まばらに生やす」くらい。

❸先端部の葉は、ほかの葉より明らかに大きくなる。先端部の葉の長さは、葉幅の２倍以上になる傾向がある。

収穫量も多くて美味しい

味はマイルドで食べやすさが抜群。調理法はタネツケバナと同様。

食べやすさは抜群

雑木林や里山の水辺ではオオバタネツケバナと出逢う。こちらは特に美味しい。

名前のとおり大きく育ち、風味は柔和で味わいも爽快。とても食べやすいのに香味はしっかりあるという、実によくできた子。

見分けの基本は上記のとおりだが、変化が多くて悩ましい。丘陵や山地の湿った場所で、大きく茂っていたら本種の可能性が高い、とイメージしてもよい。

料理の仕方はタネツケバナと同様。できるだけナマの食感と風味を残すよう、加熱調理は短めがよい。

ただし水辺で採取したものは例外で、殺虫・殺菌のためにしっかり加熱する必要がある。

生薬としても使われ、頭痛や月経不順に用いられてきた。

見分けのポイント

大きさ

タネツケバナ

※オオバタネツケバナも、同じかさらに大きいサイズ

小型種の一例

ミチタネツケバナ

コタネツケバナ

食用には、草丈30cm以上で大きく茂る種族を選ぶ。10cmほどの小型種よりも、ずっと美味しい。

マズイ

ミチタネツケバナ。葉柄に「毛がある」

マズイ

コタネツケバナ

身近には、よく似た小型のタネツケバナがゴマンといる。代表的なものは上図のとおり。「有害性こそ知られぬが、安全性もまた不明」というタイプで、小型種だけに収穫から下ごしらえまで手間がかかる。

「茎の毛の有無」、「茂り方」、「葉の形」、「種子の特徴」などが見分ける際のポイントになる——このように解説すると、たいていイヤな顔をされる。確かにとても覚えきれず面倒である。大まかなイメージで探すなら「立ち姿」がオススメである。

美味しい生薬とされるタネツケバナとオオバタネツケバナは、30cm以上に大きく立ち上がり、茎葉を大きく広げて茂る傾向がある。つまり「茎葉の収穫量が多そうなもの」を選ぶとよい。

一方、小型でこぢんまりしたものや、葉の数が少ないものは採取する必要はない。

うまい

食べ出したら止まらない！道ばたオヤツの金字塔

ヒナタイノコヅチ　多年草

Achyranthes bidentata var. *fauriei*

利用：葉、根(薬用)

収穫：ほぼ通年(真冬を除く)

分布：本州～九州

居所：道ばた、草地、雑木林など

特徴

1. 葉を横から見るとゆるやかに波うつことが多い。
2. 花穂にある付属体(次々ページ図)がとても小さい。

もっと食べたいエビ煎餅風

天ぷら、素揚げ、お浸し、和え物、炒め物などに。味噌汁の具にしても大変美味しい。根は医薬品として、血の流れを改善したり、化膿性の腫れ物を直したりする薬に配合される。

「天ぷらにすると〝エビ煎餅〟の味がしますよ」と、野草研究家の山下智道先生。

ご冗談を、とわたしは思った。

イノコヅチの仲間は、そのへんにわしゃわしゃ生える迷惑雑草で、放っておくと、あっという間にあたりを埋めつくす。

その姿は見るからに無愛想。花穂《かすい》がまた素っ気なく、地味なトゲトゲをにゅっと伸ばす。それだけ。イカついわイカがわしいわ。

道ばたはもちろん、庭やプランターにいつの間にか忍び込み、気がつけば生い茂る。引っこ抜こうにもなかなか抜けず、茎をハサミで切ろうにも、太く頑丈に仕上がっており、うまくゆかない。

こうした面倒な「除草作業」を、ちょっとだけ楽しい「収穫作業」に変えてみるのはいかがであろうか。

この若葉、確かにエビの風味を宿す。

ヒカゲイノコヅチ　多年草

Achyranthes bidentata var. *japonica*

利用：葉、根（薬用）

収穫：ほぼ通年（真冬を除く）

分布：本州〜九州

居所：道ばた、草地、雑木林など

特徴

❶葉を横から見ると真一文字で波うつことがない。

❷花穂にある付属体（次ページ図）が目立って大きい。

やっぱり美味しいエビ風味

ヒナタイノコヅチと同様。本種の根も民間薬として、浄血や月経不順に用いられる。

美味しいところが決まっている

やや軽めに揚げた葉は、そのまま食べてもエビ風味。軽く塩をすると、お茶請けに、お酒の肴に、和食の前菜としても最高。

各地で試食をしてもらったが、「これならいくらでもイケますね！」と、いつも大好評（ただし、個人的な経験だとお断りしておく）。

ポイントは茎の上部のやわらかな葉だけを選んで摘むこと。食感と香味が抜群である。

この仲間、葉の時期だと地味すぎて気がつかない。花の時期になると「素っ気ないトゲトゲした花穂」を立ち上げるので分かりやすくなる。ただ、この時期の葉は硬くて筋張るため、食感がすこぶる悪い。

そうした時期はまわりにいる「開花前」のものを探すか、茎の途中から分岐して伸びたやわらかな葉を選ぶとよい。

見分けのポイント
結実

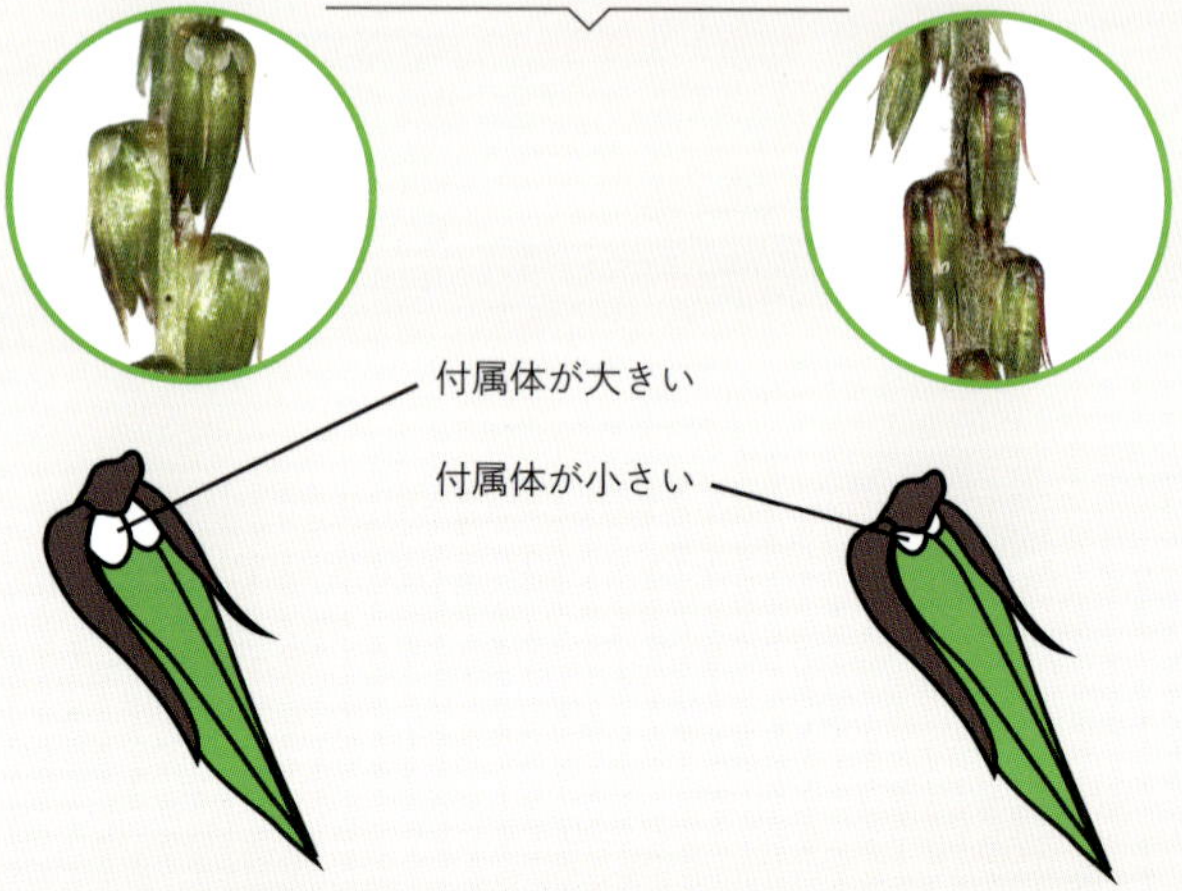

ヒカゲイノコヅチ　　ヒナタイノコヅチ

雑草だけれど生薬原料

イノコヅチにも種類があり、身近に多いのは〝ヒナタ〟イノコヅチと〝ヒカゲ〟イノコヅチ。どちらも食用・薬用にされてきた。

この根は有名な生薬で、ノドの痛みや関節痛の緩和、生理不順の改善などに重宝され、かつては大規模栽培もされた。

根は〝ヒナタ〟の方が収量が多く、栽培されていたのもこちら。

両者の違いは上図のとおりだが、取り違えても心配無用。食べ方も、利用の方法も同じである。

やがて実るタネが「ひっつき虫」となり、衣服や靴にくっついて広がってゆく。

庭や菜園に来ると非常に厄介なので、早めに「収穫がてらの除草」を。放置するとやたら殖える。

マズイ

ヤナギイノコヅチ　多年草

Achyranthes longifolia

分布：関東以西〜九州

居所：ヤブ、雑木林など

特徴

葉が細長く伸びる。

食べられぬが“豊饒さのサイン”

地域によっては「絶滅危惧種」。一般に利用はされないが、本種が見つかる場所は自然度が高い。ほかの美味しい山野草が見つかる可能性が高いので、まわりをよく見ておきたい。

マイナーだけれど要チェック

同じ仲間であっても、利用は控えた方がよい種族もいる。

ヤブや雑木林にいるヤナギイノコヅチは、トゲトゲした花穂の様子はまったく同じだけれど、葉の形がまるで違う。細長く伸びるタイプだ。出逢う機会は少ないが、花穂がそっくりなのでうっかりミスを誘われる。

普通の図鑑ではまずもって紹介されることがなく、その存在自体がマニアックではあるけれど、ぜひこの機会にチェックして頭のすみっこにでも入れておきたい。

本種も民間薬とされるが、全草に刺激性が強めのアルカロイド類やサポニン類が含まれることが知られてきた。安易な食用や家庭での薬用利用は避けた方がよい部類に入るのである。

うまい

優しい甘さのジンジャー味で、美味しく楽しく滋養と強壮

ジャノヒゲ 多年草

Ophiopogon japonicus var. *japonicus*

利用：根の膨大部

収穫：ほぼ通年

分布：北海道〜九州

居所：道ばた、ヤブ、雑木林など

特徴

1. 小葉の幅は2〜4mmと細い。
2. 花は白〜淡い紫。うつむき加減に咲かせる。
3. 結実は鮮やかな紺色。

爽快な風味と歯ごたえが魅力

天ぷら、素揚げ、炒め物などに。

ジャノヒゲ（別名：リュウノヒゲ）は、大都会の公園、マンションの植え込み、寺社仏閣、雑木林のすみっこなどあらゆる場所にいる。まるで水の流れのような涼しげな葉を一年中こんもりと茂らせるため、手間いらずの緑化植物として植えられる。

しかしなにしろ地味なので、普段はだれも気にもかけない。

街の花壇や庭でよく見るものは園芸用に改良された品種で、口に入れるのはオススメできない。たとえば、改良種で葉が短い'タマリュウ'（別名：ギョクリュウ、チャボリュウノヒゲ）、白い斑が入る'ハクリュウ'などは、もっぱら観賞用。

一方、草地や雑木林に野生しているものたちは非常に有名な生薬で、知らぬ間にお世話になっていることも多いはず。これがとっても美味しい。

オオバジャノヒゲ。葉の幅が4～8mmと倍以上も太くなり、結実はくすんだ紺色になる。この根も美味で食用可
※ジャノヒゲと同様、園芸用の改良種は食用・薬用にされない。葉の黒い'コクリュウ'など

ジンジャー風味のアーモンド

収穫する部分は根。アーモンドみたいにふくらんだ部分があって、これを集めて日干し乾燥させたものが、滋養、強壮、咳止め、去痰にとてもよいとされ、市販のノド飴や漢方薬に配合されている。

これをナマで食べると「甘味のあるショウガ風」。とても美味しく、いかにも身体によさそうな味わいにびっくりする。

軽く素揚げにしたものは、脂っこい肉料理の副菜にぴったり。あるいは細かく刻んで薬味にしてもよいし、ビネガーやソースと組み合わせれば洒落た香味を楽しめる。

同じ環境にはオオバジャノヒゲもいる。ジャノヒゲの葉は細く、ほとんど線状だが、オオバジャノヒゲの葉の幅は倍以上もあり平べったい。この根も美味しい。

ヤブラン　多年草

Liriope muscari

利用：根の膨大部、花穂

収穫：ほぼ通年

分布：関東以西〜沖縄

居所：道ばた、ヤブ、雑木林など

特徴

1. 葉の幅は 5 〜 15mm と太い。
2. 花は濃厚な青紫。横向きに咲かせる。
3. 結実は「ほぼ黒」。

こちらも甘いジンジャー風味

利用方法はジャノヒゲと同様。花穂は天ぷらが美味。生薬としても同様でジャノヒゲの代用品にされる。

※園芸用の改良種は食用・薬用にされない。‘斑入りヤブラン’など

可憐な花穂はポップコーン

ジャノヒゲとそっくりなものにヤブランがいる。葉姿の時期は非常にまぎらわしいのだけれど、花が咲けばすぐに分かる。このアメジスト色した美しい花穂（上図左下）が意外な珍味で、天ぷらにすると、なぜだか香ばしいポップコーン味に。おもしろいわ美味しいわで箸が止まらなくなる。

野生のヤブラン、ジャノヒゲ、オオバジャノヒゲに関しては、もし取り違えても根のふくらんだ部分を使う限り、風味や生薬としての作用はほぼ同等で問題ない。どれも同じ環境に並んで暮らすので悩ましいが、花で見分けるのが簡単。あるいは〝結実の色の違い〟も分かりやすい。結実は長い間くっついたままなので良く目立つ。この実は甘いと言われるが通常、食用にはされない。

マズイ

ナガバジャノヒゲ。葉の幅は2～4mmと細く、とても長く伸びる（ジャノヒゲの葉の長さは20cmほど。本種は30～40cmくらい長く伸びる）。観賞用で、食用・薬用には使われない

見分けのポイント
3か所

ジャノヒゲ

花	白
結実	明るい紺
葉	ほぼ線状

オオバジャノヒゲ

花	白
結実	暗い紺
葉	太め

ヤブラン

花	紫
結実	ほぼ黒色
葉	太め

これらの美味しい3種によく似た「ハズレ」はナガバジャノヒゲ。

園芸用で人気があり、民家のそばに植えられてきたが、ヤブや耕作地のまわりでは野生化している。

名前のとおり、とても細長い葉を獅子のたてがみたいにボリュームたっぷりと茂らせ、とても大株に育つのでよく目立つ。

一般に、ジャノヒゲを採ったつもりが実はナガバジャノヒゲであったという悲劇は日常的によく起きる。

大株に育つこれを根から掘り上げるのはかなりの苦労を要する。どうにか根こそぎガバッと抜いても「根っこの美味しいふくらみ」は、ほんのちょっぴり。美味しくもない。

身体に害はないけれど、苦労が報われぬまま徒労感にひとしきり苛まれるので、精神衛生面へのインパクトは結構大きい。

うまい

そのむかしは畑の野菜、ペンペンと舌鼓も軽やかに

ナズナ 越年草

Capsella bursa-pastoris var. *triangularis*

利用：全草（根を含む）
収穫：ほぼ通年（夏を除く）
分布：全国
居所：道ばた、草地、耕作地、荒れ地など

特徴

❶根元の葉は複雑に深く切れ込む（ただし、変化が極めて多く一定しない）。
❷花は白色。
❸結実は正三角形状のハート形。

とっても美味しい“道草”

葉はお浸し、和え物、炒め物などに。根は浅漬け、キンピラ、炒め物、鍋物に。

ペンペングサと呼ばれ、身近な〝迷惑雑草〟としてお馴染みのナズナ。

いまでこそ邪険にされるが、江戸中期までは畑で栽培される〝野菜〟であった。つまり食べやすさは祖先たちの太鼓判つき。

葉はダイコンの葉を思わせるウマ味があり、根にはゴボウの香味がたっぷり。歯ごたえも爽快で、どんな調理にもよく馴染む。

栽培が盛んであった江戸時代の書物『農業全書』によると、もっとも美味しいのは「タネを採ってまいたもの」だという。これは実に合理的で、なにしろナズナがもっとも美味しい時期は花が咲く前で、葉の姿はそっくりな別種と区別が困難。タネをプランターなどにまけば見分ける必要もなく、美味しいシーズンに収穫を楽しめる。

現代でも、冬に不足しがちなミネラルやビタミンを補給する一助となるだろう。

意外なところにウマ味が満載

春の七草のうち、とりわけ好ましい香味があるのはセリとナズナ。この両者は冬の間もずっと収穫できるからありがたい。

地べたに広げた葉（ロゼット）を採取するか、根ごと掘り上げる。根はまっすぐ下に伸びるので、小型シャベルを使うと便利。

葉はよく洗い、塩茹でしたら、お浸し、和え物、炒め物などに。特に美味しいのが根。浅漬け、キンピラ、あるいは鍋物にどんどん入れると、ウマ味たっぷりのだしまで出してくれる。問題があるとすれば見分け方。

冬から早春のナズナの葉姿は、そっくりな別種と見分けるのがむつかしい。そこでロゼットの上にちょんと咲かせた「白い花」があるもの（上図右上）を採取するとよい。真冬でも花をつけ、開花するものがちょいちょいある。

ホソミナズナ

越年草

Capsella bursa-pastoris var. *bursa-pastoris*

利用部位：全草（根を含む）

収穫期：ほぼ通年（夏を除く）

分布：帰化種（全国）
（ヨーロッパ原産）

居所：道ばた、草地、耕作地、荒れ地など

特徴

❶花は白。

❷結実は二等辺三角形状のハート形。

見た目から味までナズナと一緒

利用法もナズナと一緒。ナズナと間違えてもなんら不都合はないが、見分けられると話のネタや自慢のタネにはなる。

そっくりな別種。でも味は一緒

ナズナの近縁種で、見た感じがよく似ている種族たちをご案内してゆきたい。

まず、ホソミナズナ。「出身地」と「結実の姿」が違うほかは、たいがい同じ。利用法も一緒で、ヨーロッパでは食用ハーブとして利用されることも。

身近なナズナを調べると、そっくりだけれど「ほんのちょっと違う」という帰化種が殖えていて、悩ましくもありおもしろい。

分かりやすいタイプではマメグンバイナズナがいる。北アメリカからやってきた種族で、結実が丸っこい軍配形になる（左ページ図）。道ばた、公園の草地、耕作地などで大いに繁栄しているのでよく目立つ。この種子は薬用にされるが、茎葉はエグ味が強く、あまりオススメできない。

マズイ

イヌナズナ。花は黄で、結実はスプーン状になる。在来種。食用の詳細不明

マズイ

マメグンバイナズナ。花は白で、結実は丸っこい軍配形。北アメリカ原産。エグ味が強いため、食用には不向き

イヌナズナは日本の在来種で、花の色が「黄色」になるタイプ。結実の姿もちっこいスプーン形でとても可愛らしい。

こちらも乾燥させた「種子」が民間薬とされ、便秘の改善、咳止めなどに使われてきた（前出のマメグンバイナズナの種子も同じ用途で使われる）。

イヌナズナの食用については詳細不明。試してみたこともない。なにしろ各地で激減中で、そっと見守る方がずっと楽しい。生命力と繁殖力はとても強いが、市街化が進むと即刻ヘソを曲げて消える。のどかな里山や川辺では嬉しそうにお花畑をこさえるものの、開発の手が入るや忽然と消える。

ナズナの仲間にはまだまだおもしろい子がたくさん。どれもよく似て覚えるのは大変だけれど、散歩の途中、何気なく眺めているだけでも違いが〝見えて〟くる。

ちょっと嬉しいミステイク！ナズナとよく似て美味しいもの

スカシタゴボウ　越年草

Rorippa palustris

利用：全草（根を含む）

収穫：ほぼ通年（夏を除く）

分布：全国

居所：道ばた、草地、耕作地など

特徴

1. 葉の切れ込み方が「深い」。葉のつけ根は耳たぶ状に広がって茎を抱く。
2. 花は黄色。
3. 結実は短い「棍棒状」。
4. 根は白色で「1本がまっすぐ下に伸びる」。

意外と人気の食材

葉はお浸し、和え物、炒め物などに。根は浅漬け、キンピラ、炒め物、鍋物で。

ひとたびナズナの美味しさに魅了された方は、ひとりで収穫を楽しむようになる。摘んでいるうちにほんのりと胸騒ぎを覚え、まもなく強い不安に襲われる。

「これぜんぶ、ナズナでいいのかなあ」。

ナズナの立ち姿や〝結実の姿〟はイメージできても、〝葉の形〟はどうであろう。

こうした心のスキを突くように、ナズナのそばにはそっくりな植物がたくさんまぎれ込みながら住んでいる。あるいはナズナはひとつもおらず、そっくりな別物だらけであったら、すべてを「たぶんナズナ」と思い込んでしまうかもしれない。

幸運な人は、間違って採った〝ソレ〟で美味しい食事を楽しむことができる。

ここではナズナではない、そっくりな別種なのに、なかなか美味しい野草をご案内してみたい。

とんだ伏兵。ところが美味

スカシタゴボウは、花びらの色が「黄色」で、結実の姿も棍棒状。違うところは多いが、葉の姿はナズナとそっくり。

幸い、美味しさもそっくりで、楽しみ方もまったく同じ。葉は野菜の代用として、根もゴボウ風の香味があり、だしもしっかり提供してくれる優れもの。

もっとも美味しいのは秋から早春。秋の葉は食感がひときわ優しく香味にあふれ、お浸し、炒め物、味噌汁の具にすると最高。真冬の合間も葉を広げ、その合間から小さな花穂をのぞかせる。つぼみや花の色が「黄色」なら本種の可能性があり、収穫のサインになる（上図）。春、花が咲き結実したら、葉姿をよく見ておきたい。葉の切れ込み方がとても深いのが特徴。

イヌガラシ 多年草

Rorippa indica

利用：葉

収穫：ほぼ通年（夏を除く）

分布：全国

居所：道ばた、草地、耕作地、荒れ地など

特徴

❶葉の切れ込み方が「浅くて不規則」。葉のつけ根は「わずかに茎を抱く」。

❷花は黄色。結実は細長い「棒状」。ややひん曲がるのが大きな特徴。

❸根は白色で、まっすぐ下に伸びる。

間違いに気がつかない美味しさ

葉は天ぷら、お浸し、和え物、炒め物など（根は小さいので利用されない）。ナズナやスカシタゴボウのつもりで収穫しても、本種も美味しいため、間違えたこと自体に気がつく機会がなかなかない。

「選択の自由」を獲得する

とても美味しいスカシタゴボウも、開花・結実するとやや筋張り香味も下がる。開花前に見分けて収穫するのが最良だが、どっこい、よく似たものが「たくさん」いる。

イヌガラシはそっくりな代表格で、どちらかというと、ぎりぎりアタリ。香味は弱めだがクセがなく食べやすい。

はっきり見分けるには、まず開花期に結実の形がまるで違うことを見ておくと大変よい（上図）。そして葉の切れ込みパターンがそれぞれに特徴が出るけれど（左ページ図）、これは慣れるのに時間がかかる。しかし「葉のつけ根」を見るという発想があれば非常に簡単。スカシタゴボウの葉のつけ根は耳たぶ状に広がるけれど、イヌガラシの場合、茎をわずかに抱く程度なのだ。

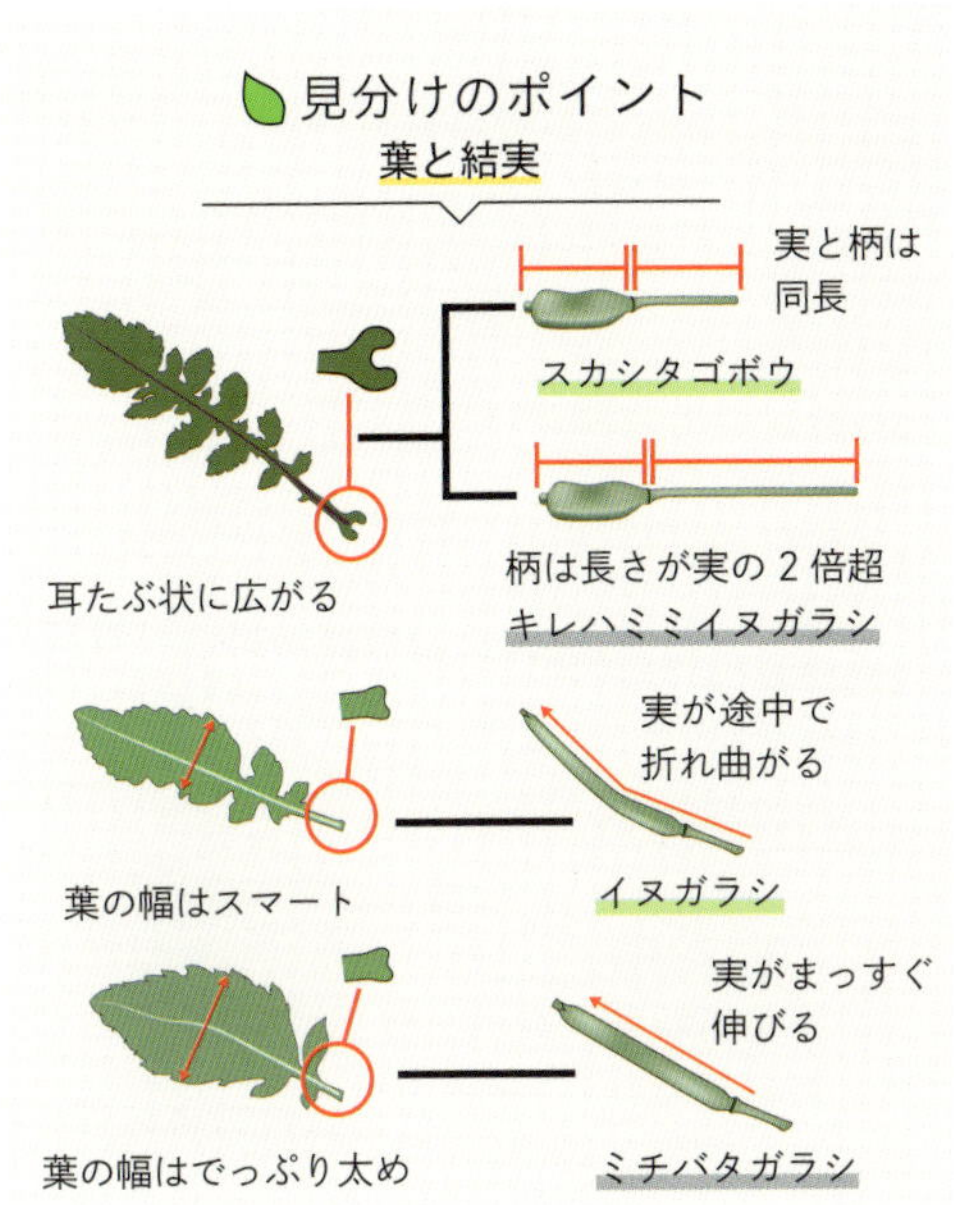

マズイ

キレハミミイヌガラシ。根が横にも伸びて子株を作る

マズイ

ミチバタガラシ。葉のつけ根は「茎を抱かない」。結実は直線状

ハズレを見抜く楽しさも

美味しいもののそばには、よく似たマズイものがセットでいる。ここでのハズレはキレハミミイヌガラシとミチバタガラシ。知名度は極めて低いが個体数は多い。両者とも利用はされない種族で、安全性も不明。

どちらも道ばた、草地、耕作地によく生え、美味しいスカシタゴボウやイヌガラシとうりふたつで困る。

しかし簡単な見分け方がある。「結実」を見れば一発で正体が分かる。

根から抜いて「見抜く」手もある。美味しい根を収穫したとき「真下に1本まっすぐ伸びて」いたらアタリ。スカシタゴボウかイヌガラシだ。もしも真下のほか横方向にも伸びていたら「別の帰化植物（たとえばキレハミミイヌガラシなど）」で大ハズレ。食用に不適。

うまい

元祖「万能食材」！よく似た別種にご注意を

ツユクサ 1年草

Commelina communis

利用：地上部（花を含む）
収穫：夏
分布：全国
居所：道ばた、耕作地、草地など

特徴

❶全草がツルッとして無毛。葉はササのようにシャープに伸びる。
❷花は青色で大きく開く。
※花のつけ根にある苞葉に毛を生やしているのはケツユクサ（次ページ図）

野草料理の定番種

サラダ、お浸し、漬け物、和え物、炒め物などに。

ツユクサの人気はもはや不動と言える。

まず「見分けるのがとっても楽」。

ツユクサは、全身がツルッと艶やかで、ササのようなシャープな葉をスッと伸ばす。

開花前、やわらかな茎先を摘んだら、軽く塩茹で。水にさらしてからお浸し、和え物、炒め物などに。

なんにでも合うが、シンプルな料理が美味しい。たとえば食べやすいサイズに刻み、オカカやシラスをそっとのせて、醤油かだし汁をスッと遊ばせる。これがもっとも美味。

クセがほとんどないので、そのままの風味を存分に楽しみたい。

開花が始まってしまうと、花は食用にできるが、茎葉はとたんに硬くなり、食感が悪くなる。美味しい茎葉を摘むなら、花がない茎の、やわらかな部分を選んで採れば大丈夫。

マズイ

マルバツユクサ　１年草

Commelina benghalensis

分布：関東以西〜沖縄

居所：宅地、造成地、農地のまわりなど

特徴

❶茎や葉に「毛」が生える。葉の形は丸っこくて寸詰まり。

❷花は青く、とても小さい。

❸根に閉鎖花をつけ、結実する（左図下）。

食欲すら萎える暴れっぷりで

庭や畑に侵入を許すと大繁殖し、ゲンナリするほどの苦労を強いられる。実は美味しいツユクサも、農家や園芸家には強害草として恐れられている。

ツユクサ。全草に毛がなくツルツル

ツユクサとほぼ同じに見える、ケツユクサ。苞葉や葉に毛を生やす。食用可だが、食感がもたついてイマイチ

とんだ落とし穴も

近年、マルバツユクサという種族が宅地や農地で猛威をふるっている。

花だけ見るとツユクサとそっくりなのだけれど、葉の様子が違っている。ツヤはなく、葉は波うち、寸詰まり。たいていあたりを埋めつくすように広がる。利用については安全性の詳細が不明なため、ここではオススメしない。

マルバツユクサがすごいのは、独自に発達させたその生き様である。地上部で開花・結実するのはもちろん、根にもつぼみをつけ、地中で開花し、タネをつける。もしも引っこ抜いたとき、このオデキみたいなタネがぽろりと落ちれば、そこから発芽してくるというわけ。

子孫繁栄にすべてを懸けるすさまじい執念をもつので、庭や畑に入ってきたら早期発見・早期駆除を。

うまい

元祖「草餅」の真骨頂！よく似た帰化種にご用心

ハハコグサ　1年〜越年草

Pseudognaphalium affine

利用：地上部（花を含む）

収穫：ほぼ通年

分布：全国

居所：道ばた、耕作地、草地など

特徴

1. 全草が美しいシルバーグリーンで、やわらかな毛につつまれる。
2. 茎の上部の葉の形は「さじ形」。茎に近い方が細くなる。
3. 花色は「鮮やかなレモンイエロー」。

優しい食感とほのかな野趣と

サラダ、お浸し、和え物、野草茶などに。

もこもこしてみずみずしい

春の七草で「オギョウ」や「ゴギョウ」と呼ばれるものがハハコグサである。七草粥の食材としていまも愛用される。草餅も、かつてはハハコグサを餅に混ぜてこしらえるのが主流であった。クセがなく、さっぱりして、みずみずしいほどモチモチになる。

草餅と聞けばヨモギを思い浮かべる方も多かろう。江戸時代にその香りの素晴らしさが尊ばれて広がり、現代でもこちらのお餅が通例となっている。一方、ハハコグサで草餅を楽しむ地域はいまも残され、食用のほか身近な民間薬として、咳止め、去痰、扁桃炎の緩和などで利用する人々もある。

収穫は真夏を除いて可能だが、早春のもこもこした、シルバーグリーンの小さなロゼットが好んで収穫される。

マズイ

セイタカハハコグサ　１年〜越年草

Pseudognaphalium luteoalbum

分布：関東以西〜沖縄

居所：宅地、造成地、農地のまわりなど

特徴

❶全草は渋めのシルバーグリーン。やわらかな毛につつまれる。

❷茎の上部の葉は茎に近いほど太くなる。

❸花色は「くすんだ黄褐色」。

よく似た「思わぬ伏兵」

各地の市街地とその周辺で爆発的に殖えており、農地や里山にも広がりつつある。

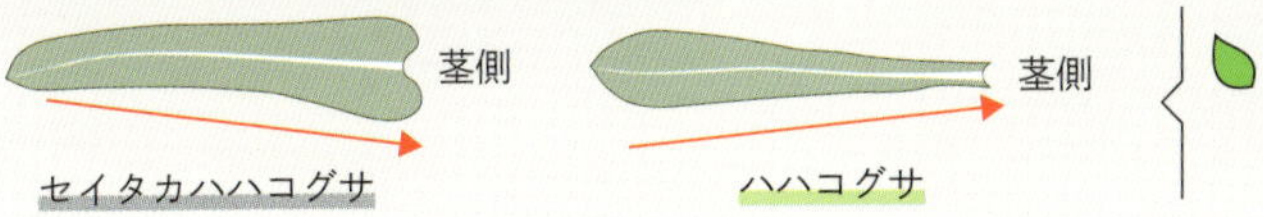

クセがまるでなく、天ぷら、お浸し、野草茶の茶剤として楽しめる。

花が咲いていても全草がやわらかく、花ごと利用しても楽しい。

見た目が独特なので、見分けるのはとても簡単であったが、それが近年、ちょいとキナ臭くなっている。

というのも、セイタカハハコグサというよく似た種族が、市街地を中心としてモーレツな勢いで殖えているからだ。帰化種のひとつで、原産地はヨーロッパなど。これは食用にされない。

花の色がくすんだ黄褐色であるほか、葉の形でもはっきり区別できる（上図）。春の七草摘みのときはどうかご注意を。

もしも誤って食べても、有害性は知られていないのでご安心を。ただし喜びもまるでないのでご用心。

うまい

有名だけれどマズイやつ！よく似た伏兵がうまい件

ウシハコベ　越年〜多年草

Stellaria aquatica

利用：地上部（花を含む）
収穫：ほぼ通年
分布：北海道〜九州
居所：道ばた、耕作地、水辺など

特徴

1. 葉の幅が広く、ゆるやかに波うつ。
2. 茎の上部に特殊な毛（腺毛）がある。
3. 花の中心にある雌しべは先端が「5裂」（ここがミドリハコベやコハコベと大きく違うポイント）。

美味しいハコベはこちらです

サラダ、お浸し、和え物、炒め物などに。

ハコベと言えば、野草の本で必ず紹介される名物野草。

春の七草のひとつで、七草粥として召し上がる方も多いであろうが、ハコベをメインに賞味するとどうなるか。

経験者いわく、「もう、とにかくマズイ。二度目はない」という剛速球の反応が多い。それでもハコベは薬草としても有名で、愛用する方が多いのも確かである。

さて、同じような薬効が知られ、ずっと美味しい仲間もいる。ウシハコベである。ハコベにうんざりした方でも「これは美味しい！」と大絶賛。一度でもハコベで懲りたことがある方ほど大喜びする。見た目はハコベとそっくりなので、うっかり間違え、まんまと美味しい方を収穫している方もあるだろう。その一方、やはりそっくりで食用にされぬイヌコハコベ（145ページ）にご注意を。

まずはこちらをお試しあれ

ウシハコベの見た目はほとんどハコベと一緒。住まいの好みがやや違い、よく湿った草地や水辺のまわりに多い。

葉っぱがやや大きめで、軽く波うつようにシワがよる（特徴の詳細は右ページ上部記載）。ウシハコベには、ハコベがもつ「むわっとした、そこはかとなく胸が悪くなるような後味」がまるでなく、さっぱりしている。

おのずと下ごしらえも簡単になり、軽く塩茹でしたら、お浸し、和え物、炒め物で。クセのない野菜を美味しく食べる感じで、マズイ薬草を無理やり食べている感じがまるでない。よく似たものでもこれほど違うのだから自然界はおもしろい。

本種も薬草で、解毒、腫れの改善、歯槽膿漏予防などの民間薬として活躍する。

コハコベ 1年〜越年草

Stellaria media

利用：地上部（花を含む）

収穫：ほぼ通年

分布：全国

居所：市街地、宅地、庭、農地など

特徴

❶葉は小さめで、波うつことがない。
❷茎は赤紫色になりがちで細毛がある。
❸花の中心にある雌しべは「3裂」。
❹雄しべの本数が1〜7本と少ない。

もしも試してみるならば

和え物、炒め物などに。乳製品や酸味のあるフルーツと合わせれば食べやすい。

そして例のハコベです

さて、ハコベは「コハコベ」と「ミドリハコベ」に分けられる。しかしどちらもハコベと呼んで区別しない考え方もあるので、深刻に突き詰めなくても大丈夫。違いは「雄しべの数」を見ると分かりやすい。

春の七草としてあげられるほど、ハコベは有名な食用植物であるが、むしろ健胃、胃腸炎の改善、歯痛止め、歯槽膿漏予防などの生薬作用が尊ばれてきた種族である。

味がイマイチでも、食材の選択肢が増えた現代では「合わせ技」で楽しむ方法がある。卵、チーズ、牛乳などの乳製品と相性がよく、バター、マヨネーズと組み合わせてもなかなか美味しく仕上がってしまう。

ハコベは、いたるところにいる。真冬も利用できるため重宝するが、ややしっかり塩茹で

マズイ

イヌコハコベ。葉は小ぶりで、茎は赤紫色に染まることもある（変化が多い）。コハコベとそっくりで同じ場所にも見られるが、「花びらがない」

マズイ

ミドリハコベ。葉はコハコベより大きく、波うつことはない。茎は明るい緑色で細毛がある。花の中心にある雌しべは「3裂」し、雄しべの数は「8～10本」と多め

して水にさらさないと、例の「むわっとした後味」が残るのでご留意を。

一度はウシハコベと食べ比べてみるのも楽しい経験となろう。

問題はイヌコハコベという子だ。

近年、市街地を中心にもりもりと殖えている帰化種で、こちらは利用されない。

特徴は、開花期に白い花びらがないこと。そのほかの見た目はほとんどコハコベと同じで、地団駄踏むほどまぎらわしい。間違って食べても問題はないようだが、わざわざ口に運ぶ価値はない。

ハコベ類は開花期に摘んでも十分食べられる。はじめのうちは、まず花びらがあることを確認してから手を伸ばしたい。これでイヌコハコベを除外できる。さらに美味しいウシハコベを見極めるなら、花の雌しべの先端が〝5本〟に分かれている姿を確認すれば完璧。

うまい

食べやすくて収穫は簡単、見分けもしやすい優良種

ツルマンネングサ 多年草

Sedum sarmentosum

利用：地上部

収穫：春〜秋

分布：栽培種（中国ほか原産）

居所：道ばた、河川敷、宅地周辺など

特徴

1. 葉はひし形で3枚がワンセットで茎につく。
2. 茎はやや赤色を帯びる。
3. 花びらは黄色でシャープにとがる。

クセがない万能食材

お浸し、和え物、漬け物、炒め物などに。

ここでご紹介するものたちは多肉系の植物で、葉に厚みがあり、ツヤツヤしてぷりぷり。葉の感触はスベリヒユ（54〜55ページ）とよく似ている。

宅地や市街地では、いろいろな多肉植物がたくさん野生化しているけれど、その多くが園芸品種で、食用に不向き。

しかし、美味しいものも確かにあって、それがツルマンネングサ。

好んで住みつくのは、荒れた河川敷、砂塵が舞う道路沿い、イヌの散歩道など。収穫に最適とは決して言えない場所で元気よく茂っている。

もしも気に入ったら、茎葉を数本ほど採取してみたい。自宅でポットに土を入れ、ぶすっと挿す。水をたっぷりあげれば元気よく根づき、たまの水やりでスクスクと育つ。これなら好きなときに安心して収穫できる。花も華麗で観賞価値は高い。

とても美味しいスリー・フィンガー

特徴は、葉っぱの姿。道ばたで見かける多肉植物の多くは、葉の形が小さな棍棒状をしている。ところが本種は小さな「ひし形」。これが3枚ワンセットで茎にくっついていたら本種であろう。

道ばたで収穫した場合、水洗いや塩茹でをしっかりやって調理に進みたい。

その風味、青臭さがまるでなく、たいていの調理法によく馴染む。

手間いらずのお浸し、和え物で爽やかな食感を楽しむのが王道である。

浅漬け、キムチ漬けも味がほどよく馴染んで満足感があり、直球勝負で辛子マヨネーズと和えるだけでも食欲をそそられる。

調理しても葉の形が美しく残るので、料理によく映え、客人の目を喜ばせる。

メキシコマンネングサ

多年草

Sedum mexicanum

分布：帰化種（原産地不明）

居所：道ばた、空き地、耕作地、草地など

特徴

❶葉は細長い円筒形。４枚の葉が茎を取り囲むようにつく。

❷花色は黄色。花穂をタコの足みたいに広げて豪華に咲き誇る。

乾燥、粉塵、化学物質に負けぬ偉丈夫

メキシコから送られてきたタネを日本で発芽させたので、その名にメキシコがついたようだ。しかし当地に自生はなく原産地がいまだ不明のナゾ植物。

華やかさは一級品

これからご紹介するのは、食用に向かない顔ぶれである。

全体の雰囲気や花の姿が、どことなくツルマンネングサを思わせる。同じような場所に生えるので気をつけたい。

メキシコマンネングサは、道路わき、宅地の花壇、コンクリートの擁壁の割れ目、排水口の中からも花を咲かせる屈強の生命体で、いまやあらゆる場所にいる。

花の姿はツルマンネングサとそっくりだけれど、葉を見ると細長い円筒形。

食用にこそされぬけれど、美しい緑化植物としては優秀の極みで、乾燥、粉塵、汚染物質にまみれた劣悪な幹線道路でも見事に生き抜き、ひと花咲かせ、華やかなレモンイエローのお花畑を創造してくれている。

マズイ

コモチマンネングサ　多年草

Sedum bulbiferum

分布：本州〜沖縄

居所：市街地の道ばた、草地、荒れ地など

特徴

❶葉の形はさじ形。茎に対して互い違いにつく。

❷葉のつけ根にムカゴがつく。

❸花は黄色。ややまばらに咲く。

子だくさんな愛嬌者

繁殖力は旺盛だが、ふしぎと嫌われたり迷惑がられたりすることがない。ほどよい愛嬌があるためであろうか。花を咲かせるが、まず結実しない。もっぱらムカゴで殖える。

生き様が独特な愛嬌者

高層ビル街の花壇には、コモチマンネングサたちが腰を据えている。大都会の高架下や空き地のすみっこによくいるほか、里山の雑木林や草地でもよく見つかる。

見分け方はとても簡単で、葉のつけ根を見る。小鳥のヒナのくちばしみたいな「ムカゴ」をつけているのが特徴。これがぽろりと落ちれば根を下ろし、新しい個体となり成長を遂げる。コモチ（子持ち）という名もこのユニークな生態に由来する。

「食べると毒だ」という話は聞かない。「安全だ」とか「美味しい」という話もまるでなく、そもそも「ここに生えているものを、果たして口に運べるかどうか」という場所にいる。洗ってどうにかなるレベルではないので、そのままそっとしておく。

うまい

箸が止まらぬそのうまさ、アザミ天国日本の歩き方

ノアザミ 多年草

Cirsium japonicum

利用：葉、根

収穫：春〜秋（根は通年）

分布：本州〜九州

居所：道ばた、草地、雑木林など

特徴

❶葉は鋭く切れ込みが入り、葉の縁に鋭いトゲを生やす。

❷開花は晩春に始まり、秋冬も咲く。

❸総苞《そうほう》にある総苞片（次ページ図）は本体にほぼ密着。触るとネバネバする。

身近なものでは屈指の美味

葉は天ぷら、佃煮、炒め物などに。根はキンピラ、佃煮、漬け物に最適。

日本にはなんと150種類ほどのアザミが住みつき、そのうち145種類が日本特産（国立科学博物館「日本のアザミ」Webサイトより）というアザミ天国である。

このうち、美味しく食べられるものは、ほんのひとにぎり。これを見分けて楽しみたい。

まずはノアザミ。見た目はイカつく、トゲも鋭く柔肌を撃ち抜くが、威厳に満ちた立ち姿、品格も高い花穂が魅力。近所の道ばた、草地、荒れ地などでよく見るが、これが大変美味しい。

晩春に開花し、次ページ図の特徴があればノアザミであろう。多くのアザミ類は夏の終わりから開花するので、その前に咲いていたら当たりをつけやすい。

身近に住むアザミを調べるなら、前述のWebサイトが最適だが、次の点を確認しておくと調べやすくなる。

うまい

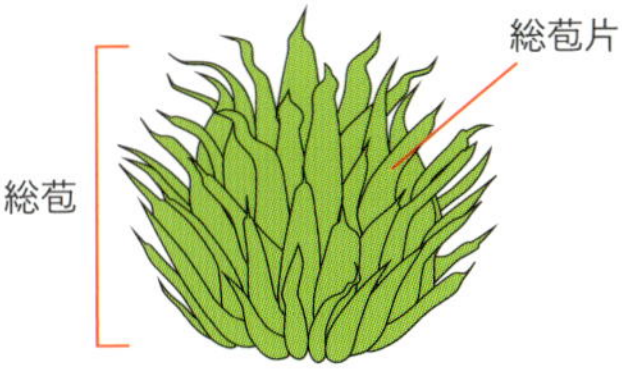

ノハラアザミ。花は晩夏から咲く。総苞片がゆるやかに開き、ネバつかない

ほかでは味わえぬ美味

アザミの仲間を見分けるとき、花の下にある〝総苞《そうほう》〟という部分に注目するとよい。ノアザミの場合、上図のように総苞片がほとんどぴったり閉じており、触るとネバネバする（総苞がネバるアザミは限られる）。

ノアザミと分かったら、まずは葉を収穫してみる。鋭いトゲに気をつけて、やわらかなものを選ぶ。トゲを切り落とし、水洗いしてから天ぷらにすると、噛むほどに豊かな香味が口いっぱいに広がる。見た目のイカつさからはとても想像できない深い味わいが魅力。

根にはゴボウのような強い香気があり、食感も軽快。キンピラや佃煮にすると箸が止まらない。漬け物にしても文句なしの逸品に。晩夏に開花するそっくりなノハラアザミも同じく美味。総苞はネバらない。

アメリカオニアザミ　1年～越年草

Cirsium vulgare

分布：帰化種（ヨーロッパ原産）

居所：市街地や宅地の道ばた、草地、荒れ地など

特徴

❶全草に長く鋭いトゲを密生させる。

❷総苞は「球形」で、総苞片は外側に向かって強く反り返る。

知らぬ間の大繁殖にご注意

ときに身の丈を超えるほど巨大化。花数も大変多く、こぼれダネでよく殖える。除草でケガをする方が多いので、細心の注意を要する。

完全武装の手痛い進撃

そもそもアザミという名は「鋭いトゲがある植物」を意味する。このトゲ、うっかり触れると柔肌をサクッと貫通するほど鋭いが、全草をトゲのカタマリみたいに武装する種族が身近で殖えている。

帰化種であるアメリカオニアザミは、市街地、宅地、農地の道ばたにすっかり定着した。食用・薬用に利用されることはなく、ひたすら駆除される。繁殖力が強大で、野火がごとく広がるほか、見るからに尊大な態度で、隣の植物をトゲで撃ち抜き、大迫力で道ばたを占拠してしまう。人にもまた、この痛々しいトゲであられもない悲鳴を上げる被害が各地で続出している。

除草のとき、革手袋は必須である。それでも決して茎葉を握りしめてはならない。

マズイ

キツネアザミ 越年草

Hemisteptia lyrata

分布：本州〜九州

居所：道ばた、畑、草地、荒れ地など

特徴

❶葉はアザミのように繊細かつ複雑に切れ込むが、トゲはない。
❷花穂はミニサイズでたくさんつける。

心が喜ぶ野辺の美品

食用・薬用の利用はないけれど、フィールド研究者たちはこの生き物の美しさをこよなく愛する。

このトゲは革手袋すらいとも簡単に貫通し、熱い血潮がしたたかに素肌を濡らす。

枝切りバサミで根元から倒したら、ハサミの部分で茎をもち、安全な場所へ移動させる。見つけたときも安易に近づかない。

早春の散歩の楽しみ

同じく利用されない顔ぶれとして、身近にはキツネアザミも腰を下ろしている。見た目はアザミを思わせるが、トゲをもたず、花穂もミニサイズ。

草地や耕作地ではお馴染みの顔だが、冬と早春の葉姿がとりわけ神妙なほど美しい。

シックで繊細なその葉のフォルムといい、シルバーがかった色彩のコントラストといい、本当にエレガント。春に咲く花もアメジスト色してぽやぽやとふくらむ。春を照らす小さなランプのようで実に可愛らしい。

うまい

葉っぱが宿すマメの味！希少品と採り放題の顔ぶれ

クサフジ 多年草

Vicia cracca

利用：茎葉、花

収穫：春〜秋

分布：北海道〜九州

居所：沿岸部の雑木林や道ばた、高原など

特徴

❶葉はほとんど無毛。
❷托葉は細いV字形に切れ込む。
❸花色は透明感のある「青」。花の“お尻の部分”が短い。

試せる人が羨ましい

天ぷら、お浸し、和え物、炒め物などに。「風味は格別」と高い評価を受ける。マメは普通、食用にされない。

野辺には野生のマメがたくさん住んでいて、とても美味しいものが少なくない。

問題は、よく似たものが多く、しかも種族ごとに「食べる部分」や「下ごしらえ」に違いがあること。ここでは見分け方のほか、意外と知られてこなかった「注意点」についてもご案内したい。

さて、植物の名にクサフジとつく種族だけでもいろいろあるが、格段に美味しいとされるものが「クサフジ」。

沿岸地域で見かけるけれど、出逢える機会はごくまれ（ただし、北海道はクサフジだらけである）。宅地の道ばた、河川敷、草地に住み、たいがい群落をこさえている。

これを味わえた人は本当に幸運。それに、相当の識別眼をもつ実力者と言えよう。身近ではそっくりな帰化種が圧倒的に多いからである。

小葉は目立って細く、数が多い。竹やぶなどでもよく見られる

托葉。とても細長い

いまとなっては伝説級の味わい

なかなか見つからないけれど、地域によっては道ばたにたくさん。この伝説級の野草の見分け方は次のとおり。

貴重なクサフジの花色は「淡いスカイブルー（青紫色）」。写真であると分かりづらいが、血の気が失せた「冷たい色」をしている。

一方、身近に多いのは花色が鮮やかなグレープ系（赤紫色）で、こちらは帰化種の仲間たち。さらに右ページ上部記載のポイント（特に③の花のお尻の部分）をチェックすると安心である。

クサフジは個体数が少なく、収穫は最小限にしたい。

上半分のやわらかな茎葉が美味しいので、そこだけの採取に留めておけば、クサフジの負担が少なく再生も容易となる。

うまい

ナヨクサフジ　1年～越年草

Vicia villosa subsp. *varia*

利用：茎葉、花

収穫：春～秋

分布：帰化種（本州～九州）
（ヨーロッパ原産）

居所：道ばた、草地、空き地、河川敷など

特徴

❶葉はほとんど無毛だが、まばらに毛を生やすこともある。
❷托葉はミトンのような太めのV字形。
❸花色は基本的にグレープ系（淡いピンクから濃厚な赤ワイン色）。また、花の“お尻”が長くでっぱる。

安定の食べやすさ

クサフジと同様。**マメの食用は避ける。茎葉も大量摂取は避けたい。**

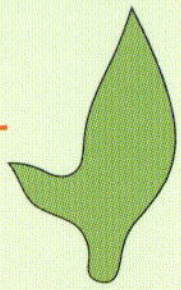

托葉

〝食べ方〟に要注意

クサフジとよく似たものにナヨクサフジがいる。クサフジは在来種だが、本種は帰化種。大都会から里山まで、道ばた、荒れ地、河川敷でお花畑をこさえている。

本書の前身に当たる本で、クサフジとした写真は本種であり、誤り。上図のとおり花色や托葉の姿に明らかな違いがある。

本種も食用にでき、茎葉を天ぷら、お浸し、炒め物にすると、葉っぱなのにマメの風味がしておもしろい。和食の前菜なら和え物で、洋食ならカナッペにのせてもよく、愛らしい花も食べることができる。

マメは食用に向かない。カナバニンが含まれ細胞毒性があるとされる。茎葉も飲酒との相性が悪い。シアナミドが含まれ、少量の飲酒でひどい悪酔いを誘うのだ。

マズイ

ビロードクサフジ（ヘアリー・ベッチ）

1年～越年草

Vicia villosa subsp. *villosa*

分布：栽培種（ヨーロッパ原産）
居所：牧草地や農耕地周辺、荒れ地など

特徴

❶茎葉には長い毛が密生し、特に「花柄の毛」がよく目立つ。
❷托葉はスペード形で切れ込みがない。
❸花色は基本的にグレープ系。

畑と家畜の栄養源

人の食用・薬用の利用は知られていない。

托葉

間接的に〝食べている〟

ビロードクサフジという子もいる。

出逢う機会は少なめだが、農耕地のまわりなどで見つかる。見た目はナヨクサフジとうりふたつ。とっても悩ましいのだけれど、「托葉」と「毛」に違いがある。

もっとも分かりやすいのは花穂の柄。よく目立つ毛をもしゃもしゃと密生させている（ナヨクサフジにはない）。

本種であった場合、収穫はひとまず避けておこう。食用についての安全性は不明。

おもに家畜用の牧草、畑の緑肥用に栽培されている品種で、ヘアリー・ベッチの名でタネが流通する。人が食べるというより、人が食べる食肉や野菜を育てるためにとても大切な植物で、陰ながらわたしたちの食生活を支えてくれている。

うまい

まめまめしくも美味しい「マメ」は地上に？　地下に？

ツルマメ　1年草

Glycine max subsp. *soja*

利用：未熟なマメ

収穫：晩夏〜秋

特徴

1. 葉はみっつの小葉に分かれる。それぞれは細長く伸びる。
2. 花はとても小さく丸っこい。花色は赤紫と白のツートン。
3. マメは小さな枝豆風。表面には金髪の毛が密生して、中のマメがぷくっとふくらんでくる。

この枝豆がもう絶品！

天ぷら、枝豆、煮物、炒め物などに。マメの風味は栽培種よりも濃厚で美味。

今度は「マメ」が美味しい野草をご案内してみたい。野辺のマメたちは風変わりなものも多く、マメが美味しいものでも、「いつ」、「どこを採るか」に違いがあり、知るほどにおもしろくなる。

まず、食べ慣れている「マメの味」を楽しむならツルマメがオススメ。

「ダイズの原種ではないか」と言われるもので、これが身近な荒れ地でわしゃわしゃと茂っている。

夏の終わりから、幸せそうにふくらんできた緑色のマメがとっても美味しい。鈴なりに実るその姿はとても愛らしく、ぷちぷちともぎる収穫作業がとっても楽しい。見た目こそちっこいけれど、その味わいは奥深い濃厚さに満ち、「これが原種の実力でございますか」と驚きつつ、食べ始めたら最後、手が止まらない。

野辺の楽しい収穫祭

ツルマメは、初夏に咲く花が特徴的。葉のつけ根にちっこい丸顔の花をぽちょりと咲かせる姿がとてもユニーク。マメの仲間は似たような花を咲かせるものが多いのだけれど、この花は極めてチビっこく、顔立ちも個性的で覚えやすい。

マメがふくらみ、けれども未熟な緑色のうちに収穫する。この時期は花が終わっていることも多く、すると食用に不向きなマメたちとの区別に困る。

葉が「細長く伸びる」のが大きな特徴で、さらにマメの鞘の表面に「金髪の毛」がたくさん生えていたらツルマメ。せっせと収穫したら枝豆と同じ要領で調理する。とても愛らしくて美味しい一品に。

たくさん採れるので収穫も最高に愉快。

ヤブマメ　1年草

Amphicarpaea edgeworthii

利用：地下のマメ
収穫：秋～春
分布：関東以西～九州
居所：道ばた、ヤブ、耕作地、草地など

特徴

❶葉はみっつの小葉に分かれ、幅が広い。
❷花は筒形で細長く伸びる。花色は青紫と白のツートン。
❸地上のマメはぺったんこで、地下のマメが美味しい（左図左上・下）。

収穫は春まで楽しめる

地下のマメを佃煮風、煮物、炒め物などに。春に掘り上げると甘味が抜群だと言われる。

隠されたお宝がぽこぽこ

ツルマメのそばには、葉とおマメの姿がそっくりなヤブマメもいるはず。

花の姿こそまるで違うのだけれど、名前も似ていて、よく混乱のもとになる。多くの人が「どうにも覚えづらい」と嘆く顔ぶれである。

決定的な違いは「収穫する部位」。ヤブマメも地上におマメをぶら下げるのだけれど、ぺったんこで使い道がない。とても美味しいマメは、なんと根にできる。

ツルの出所を追いかけて根から掘り上げれば、まん丸のおマメがぽこぽこと。これを軽く茹でたら、塩をしてそのまま食べてもよいし、佃煮風に甘辛く炒めると大変美味。だれもがその美味しさに驚くもの。

収穫は骨が折れるのだけれど、そこまでして食べる珍味のおもしろさが格別。

マズイ

タンキリマメ。やはりマメが赤くなるが、葉の幅がもっとも広くなる部分が中央より「上側」

タンキリマメの花。黄色で筒形

マズイ

トキリマメ。葉の幅がもっとも広くなる部分が中央よりも「下側」。花は黄色で筒形に伸びる

そっくりな〝希少種〟たち

雑木林やヤブではトキリマメも顔を出す。この変わった名の由来は不明である。

葉の時期はヤブマメとそっくりで、とても悩ましいが、花が黄色のほか、マメの姿がまるで別物。秋になると、羽子板の羽根を思わせる華やかで愛らしい実が鈴なりになってヤブを飾りたてる。クリスマス飾りや正月飾りにうってつけの色彩とフォルムが魅力的。しかし食用・薬用には不向き。

地域によっては絶滅危惧種となり、出逢えるだけでも非常に嬉しい。

タンキリマメは、トキリマメとそっくり。この種子を食べたり薬湯にして飲んだりすると「痰を切る」とされてきたが、いまは利用されない。個体数が少ない希少種となり、これに頼る文化も失われつつあり——ちょっとさみしい。

うまい

野生アズキの衝撃！そっくりな別種も珍品

ヤブツルアズキ　1年草

Vigna angularis var. *nipponensis*

利用：マメ
収穫：晩夏〜秋
分布：本州〜九州
居所：道ばた、ヤブ、耕作地など

特徴

1. 葉はみっつの小葉に分かれる。幅広で、縁が波うったりとがったり。
2. 花は黄色で、花びらが渦巻き状になる。
3. マメは線形で長く伸びる。表面はツルツルして無毛。

※ノアズキは長く伸び「毛まみれ」

野草料理の定番種

アズキと同様に利用できる。風味は栽培種よりもずっと濃厚で美味。

アズキの原種と思われるものが身近な野辺で暮らしている。ヤブツルアズキと呼ばれ、その美味しさは血統書つきである。

葉の姿だけを見るとヤブマメ（前項）に似る。けれどもやがて咲く花はレモン色で、ガラス細工を思わせる美しい花びらがぐりんと元気よく渦を巻く。かなり奇抜なフォルムである。秋には細長いマメをにゅっと伸ばし、そこに小さなアズキをお行儀よく並べる。マメの鞘に目立つ毛がなくツルッとしていれば大アタリ。

アズキのサイズこそまめまめしいが、ここに詰め込まれた風味の芳醇さは信じがたいほど濃厚。アズキと同じ要領で茹で、ぜんざいやアンコにすれば舌が小躍りするほどの美味しさを楽しめる。

ひとたび味わえば、次の年も必ず採りにゆきたくなる。原種ならではの個性が光る秋の佳品だ。

マズイ

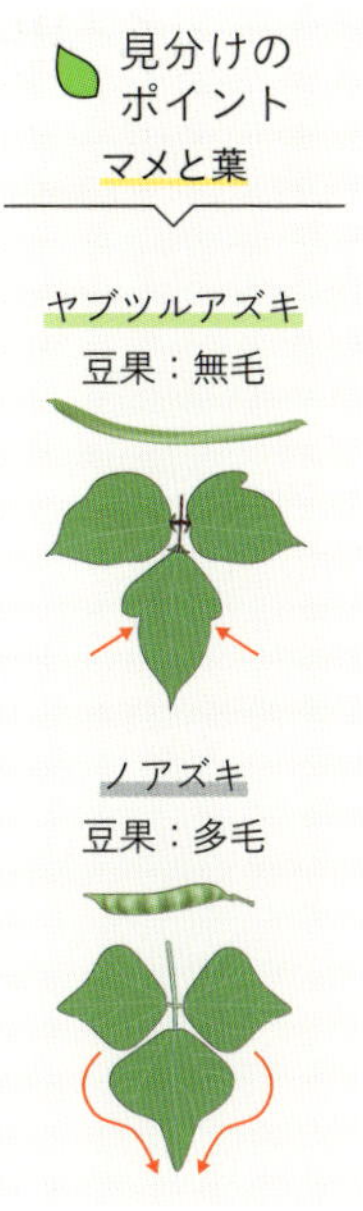

ノアズキ（写真：小林健人氏）。近年、各地で減少傾向が著しいが、いるところにはいるので、ヤブツルアズキとの違いをチェックしておきたい

名前がまぎらわしい希少種

ノアズキは、これぞまさしくアズキの野生種といった名前であるが、食用には向かない。生き物の名はときに厄介な誤解を生むことがある。

花の姿はヤブツルアズキと似る。色も黄色で、まん丸く、花びらがぐりんぐりんと渦のように巻くところも同じ。

明らかな違いは、葉の形が寸詰まりの肉まん風であることと、やがて実る細長いマメの鞘に毛をいっぱい生やしていること。

この食用に向かないノアズキと出逢う機会はとても少ないと思われ、一方、身近に多く、そっくりなヤブツルアズキと見比べることがなかなかできない。ヤブツルアズキを収穫したときは必ず図鑑などで「ノアズキではない」ことを確かめてみたい。

うまい

聖なるハーブか侵略者か？評価のほどは十人十色

ドクダミ 多年草

Houttuynia cordata

利用：全草（根を含む）
収穫：通年
分布：本州〜沖縄
居所：宅地、道ばた、耕作地など

特徴

❶葉はシャープなスペード形。深い緑色をして赤ワイン色の縁取りが美しい。
❷白い“萼片”を十字に開き、その中心からブラシ状の花穂をすっくと立ち上げる。タネは滅多につけない。

根強い人気の“無限薬草”

天ぷら、炒め物、味噌漬けなどに。白い根も漬け物にされる。

ドクダミは、その別名を〝十薬（ジュウヤク）〟という。いろいろな病気を癒やしてくれる薬草だという意味。そう、ドクダミ自体もいろいろあって悩ましい。

不滅の人気とあの臭い

有用なドクダミは覚えやすく、なによりも無限に殖えるので、収穫も除草をかねて一年中できる――いやむしろ、しないと庭を埋めつくされる。

スペード形したシックな色彩の葉と、とても美しいブラシ状の花穂の組み合わせは似たものがない。ヨーロッパでは教会や庭園で愛育される人気の東洋ハーブである。

食用・薬用とされるが、臭気が強烈。乾燥させるか加熱すると、不滅に思えたあの臭気は見事に吹き飛ぶ。乾燥葉の野草茶は、確かにクセがなく、なかなか美味しい。解毒、解熱、

マズイ

ツルドクダミ　多年草

Fallopia multiflora

分布：栽培種（中国原産）

居所：草地、雑木林など

特徴

❶葉はドクダミに似るが、葉脈が白く浮き上がり、よく目立つところが違う。

❷花穂はクリーム地に淡い緑が差して大変美しい。

おもに薬用と観賞用

各地で野生化が進む。根（塊根）が生薬原料になるため日本に導入されたようだが、近年は園芸用として愛育する人も多い。

高血圧予防、便秘の改善など多彩な作用が尊ばれてきた。天ぷら、味噌漬けのほか、ナマの葉はベトナム生春巻きに入れられる。ナマはもちろん激烈な刺激臭に満ちる。

一方、ドクダミと雰囲気が似たものが一部の地域で広がっている。ツルドクダミという。

中国原産の植物で、重要な生薬原料としてやってきたが、やがて美しい姿が愛されて園芸種となり、野辺にも逃げて繁栄中。

食用にはならぬが、地下の塊根は生薬原料として大変重要である。たとえば膝や腰を強くしたり、痔の悩みや貧血の改善のほか、白髪を黒く変えたり育毛剤に配合されたり——。強壮、強精作用なども知られるが、薬用利用は専門医の指導のもとで。

ドクダミとの違いは、花がまるで違うほか、ツル状に巻きつく姿と、葉の表面の葉脈が美しい乳白色となって浮かぶところ。

うまい

どちらも素敵な薬草で〃大人気〃ですが誤解も激増

カキドオシ　多年草

Glechoma hederacea subsp. *grandis*

利用：地上部
収穫：春〜秋
分布：北海道〜九州
居所：宅地、道ばた、耕作地など

特徴

1. 葉は丸っこく、その縁は愛らしいフリル状。
2. 茎と葉の柄には「下向きの毛」が密生する。
3. 花は大きくてよく目立つ。

香りがよく楽しみ方もたくさん

天ぷら、和え物、炒め物などに。あるいは、料理やスイーツの香味づけ、ハーブティーに。強い香気が苦手な人は入浴剤で。

ミントを思わせる清涼な香気が素晴らしい野草、カキドオシ。

ハーブティーや料理のフレーバーで活躍するほか、思わぬ毒虫刺されや外傷の応急薬としても大いに活躍してきた優れもの（葉を揉んで患部に塗るだけ）。大都市の宅地でも、古い邸宅ではいまも育てられる「家庭の薬箱」である。

身近に多くて見分けやすく、葉が丸っこく、フリル状になる姿がとてもユニークで印象的。秋には枯れてしまうが、冬のはじめには新芽を出す元気者で、ほぼ年中収穫できるのもすごい。真冬と真夏は「入浴剤」としても大活躍。古来、皮膚のトラブル（しもやけ、湿疹、かぶれなど）の予防や改善に使われてきた歴史があり、香りも優しく湯上がり爽快。

もしも身体に合えばとても重宝する。

マズイ

ツボクサ　多年草

Centella asiatica

分布：関東以西〜沖縄

居所：沿岸部の道ばた、草地、雑木林など

特徴

❶葉の見た目はカキドオシとそっくりだが、あまり丸くならず“腎臓形”になる。

❷茎と葉柄に「毛がない」。

❸花は葉のつけ根に咲き、極めて小さい。満開になってもまるで気がつかない。

エグくて苦い有名生薬

沿岸地域では市街地の道ばたにもいる。ちぎっても香気がないほか、上記❷のポイントを覚えれば間違えることはない。

すこぶるエグい、そっくりさん

薬草ブームが起きると、多くの人が「まるで違う野草」を摘んでゆく。初学者の「きっと、これがそうだ」という思い込みは、ふしぎなほどアタらぬのが相場。

ツボクサは、アンチエイジングや記憶力強化（たとえば健忘の改善など）で一大ブームを巻き起こしてきた。

温暖な地域で、海の近くにお住まいの方なら、草むら、線路沿い、道ばたの花壇などで見つけることができる。内陸部にお住まいの方は、普通、道ばたで出逢うことはない。ためしに葉や茎をちぎってみて、強い香りが立てばカキドオシ。ツボクサなら香気はない。

ツボクサも食べられるが、とてつもなく渋くて苦い。身体に効く前に、味覚・嗅覚がノックアウトされ、ヘコたれる。

うまい

これも〝野菜〟の使い勝手！見た目じゃ分からぬその真価

イヌビユ　1年草

Amaranthus blitum

利用：茎葉
収穫：晩春〜夏
分布：帰化種（全国）
（ヨーロッパ原産〈推定〉）
居所：宅地、道ばた、耕作地など

特徴

1. 葉は幅広で丸みを帯び、先端がヘコむ（ヘコみ具合には変化が多い）。
2. 花被片はシンプルなさじ形。
3. 胞果（結実）の表面にあるシワは明らかにまばらで少ない。

優しいホウレンソウ風味

天ぷら、お浸し、和え物、炒め物などに。シュウ酸を含むので下ごしらえでしっかり抜きたい。

それはもう見るからに「いかがわしい雑草」で、これを食卓の清潔なお皿に盛りつけようなど、思いつくわけもない。

ところがイヌビユは〝野菜級〟の美味しさ。なにも言わずに料理で出たら、あなたはきっとぺろっと平らげてしまう。ホウレンソウを思わせる優しい味わいで、ホウレンソウよりクセやエグ味がない。

そこらじゅうにいて、収穫量も多く、食べごたえも満点。非常時の緊急食材としても大活躍するだろう。

この美味しい道草と友好関係を結ぶにあたっては、ちょっとした障壁を乗り越えねばならぬ。「美味しいものの見分け方」だ。野辺にはそっくりなものがたくさんあるため、いつもの通り道で見慣れておき、しっかり見分けてみたい。これが「見えて」きたら、もはや上級者レベル。

見た目の悪さと裏腹な美味

6～7月ごろ、若い新芽を収穫する。塩を加えたお湯で軽く茹で、冷水にしっかりさらす。醤油に辛子を溶いたもので和えたり、天ぷらで賞味したり、ベーコンと一緒に炒めたり。卵とじも素晴らしい。

見た目こそウサン臭くて青臭く、アクもエゲツなさそうだが、クセは微塵もない。

刺激性が強いシュウ酸を多めに含むので、塩茹でし、冷水にさらすなどの下ごしらえで取り除くことが大事になる。

とても食べやすいので、つい多めに料理しがちとなるが、多食は避けたい（連続して多食すると腎臓や肝臓の機能が低下する原因に。お供のお酒もほどほどに）。

最大のポイントは正しく見分ける方法。次ページ以降のものと比べたい。

ホナガイヌビユ 1年草

Amaranthus viridis

利用：茎葉
収穫：晩春〜夏
分布：帰化種（全国）
（熱帯アメリカ原産）
居所：宅地、道ばた、耕作地など

特徴

❶葉の先端部が多少ヘコむ（ただし、変化あり）。
❷花被片はイヌビユと同じ雰囲気。
❸胞果（結実）の表面にはコブ状にデコボコしたシワが明らかに多い。

イヌビユよりも多く見られる

調理方法はイヌビユと同様。一般にはイヌビユと区別されることがないため、同じように使われてきたと思われる。

“狩人の目”で狩る

イヌビユとそっくりなものにホナガイヌビユがある。博物館の学芸員ですら間違えることもある難物である。

本種は食べても問題なく、イヌビユと同じ要領で美味しく楽しめる。

見分けのポイントは左ページ図のとおりで、まずは簡単に「葉の先っぽのヘコみ具合」をチェック。くっきりとヘコんでいたらイヌビユで、微妙なヘコみなら本種の可能性が。決定打となるのは胞果《ほうか》のデコボコ。ちょっとしたルーペがあれば確かめられる。

実際の道ばたには、そっくりな、それでいて食用に向かない仲間たちが恐ろしいほど多く住み、非常に悩ましい。

ここから美味しいイヌビユかホナガイヌビユを狩人の目で狩り出すことになる。

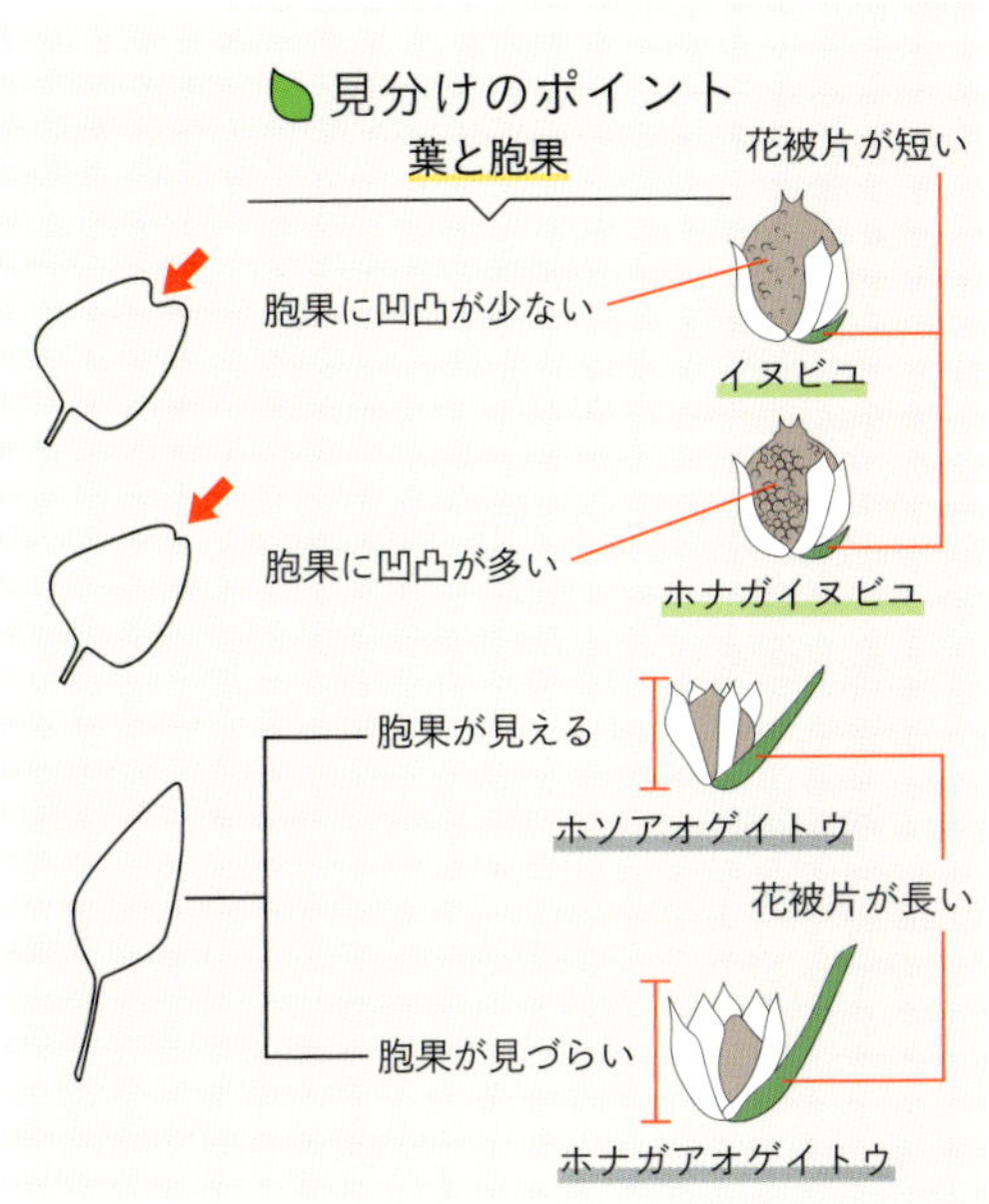

マズイ

ホソアオゲイトウ。葉の先端部はとがり、花穂の茎の部分に「縮れた毛がある」

マズイ

ホナガアオゲイトウ（イガホビユ）。葉の先端部はとがり、花穂の茎の部分は「無毛」に近い

「胞果までチェックできそうもない」という場合、「花被片《かひへん》」を見てみよう。

大きくそそり立つ花穂から、ちっこい花被片を見るのは面倒なように思えるけれど、実はちょっと近づくだけでよい。花穂の全体が「丸っこい印象」か「トゲトゲしている印象か」を見る。トゲトゲしているものは、食用に向かないタイプである。

余裕が出てきたら、ルーペなどで花被片や胞果（結実）をチェックしてみたい。

食用とされるのはイヌビユとホナガイヌビユだけで、美味しい時期は若苗か開花前。「葉の先端がヘコんでいる」ことでも分かるが、開花の姿と合わせればずっと確実。

自信がない場合は開花を待ってから。この時期もやわらかな葉を選んで摘めば美味しく、そのすぐそばには開花前のものも、じっとたたずんでいるはずである。

うまい

オカジュンサイの珍味と〝意外性〟を楽しむ秘訣

ギシギシ　多年草

Rumex japonicus

利用：新芽
収穫：秋〜春
分布：全国
居所：宅地、道ばた、耕作地など

特徴

❶葉脈の色はクリームがかった「淡い緑」。裏側の葉脈上に微細な突起はない。
❷結実の両側には、わずかにギザギザした突起がある（175ページ図）。

上品な食感と風味が魅力

お浸し、和え物、炒め物などに。シュウ酸を含むので下ごしらえでしっかり抜く。

ギシギシの〝珍味〟は、舌が肥えた文人たちを唸らせたほどの美味。ひとたび味わうとだれもが驚き、大人の味覚を蕩けさせる魅力にまんまとハマる。

そこらじゅうの道ばたや草むらにいる、いやに態度がデカい植物で、葉っぱをべろんと伸ばすことからウシノシタとの異名をもつ。またの名をオカジュンサイといい、この名の響きからも美味しい珍味であることが分かるだろう。

見てくれこそ無骨だが、風味の意外性がおもしろい。10〜4月に出してくる〝新芽〟がみずみずしく、心地よいヌメりにあふれる。後味も爽やかで、まさにジュンサイを彷彿とさせる上品な味と食感に思わず目を丸くする。このオカジュンサイは数本ほどをツルッと楽しむのが風流人のたしなみ。食べすぎは身体によろしくないのである。

葉の裏面

珍味の楽しみ方

秋冬の新芽には、厳しい寒さからその身を守るべく、茶色い薄皮がついている。

これを丁寧に取り除き、重曹か塩をひとつまみ加えたお湯で茹でる。このとき、ふにゃふにゃにならないように気をつける。

湯から上げたら冷水によくさらす。水気を切ったらお浸しに。カツオ節を躍らせれば、ギシギシらしいユニークで上品な風味を引き立てる。あるいはサンショウを混ぜた味噌をちょいとつけたら贅沢な佳品に。

シュウ酸を豊富に含むため、下ごしらえはしっかり。そして試食した方はたいてい「おかわり！」となるが、多食は避ける。

注意点はもうひとつ。身近には多くの仲間が住んでいる。ここから美味しいオカジュンサイだけを選び抜く審美眼が不可欠だ。

エゾノギシギシ　多年草

Rumex obtusifolius

利用：新芽
収穫：秋〜春
分布：全国（ヨーロッパ原産）
居所：宅地、道ばた、耕作地など

特徴

❶葉脈の色は「赤み」が差す。裏側の葉脈上に「微細な突起」が並んでいる。
❷結実の両側は鋭いトゲ状となる。

ギシギシよりもずっと多め

利用法はギシギシと同様。身近で見かけるのはおもに本種の系統かナガバギシギシ（左ページ図）の系統である。

珍味の居所は歩いて覚えて

みなさんがギシギシだと思うものは、たいてい「違う種族」か「交雑種」となる。ギシギシの仲間はいたるところにいるが、〝ギシギシ〟の数は少なめ。代わりにエゾノギシギシが多くなるが、実はこちらもアタリで、やはり新芽がとっても美味しい。

ギシギシとエゾノギシギシの違いは〝葉脈の色〟を見ると察しがつく。

エゾの葉脈は「赤っぽく」なり、ギシギシは「淡い緑」。

好奇心が旺盛な方は、ギシギシを見つけたら「葉の裏の葉脈」にも目を遊ばせてみたい。エゾの「裏側の葉脈」にはつぶつぶした突起が並び、ギシギシはこれがない。

どちらが多いかは、地域ごとに大きく違っており、とても興味深いものがある。

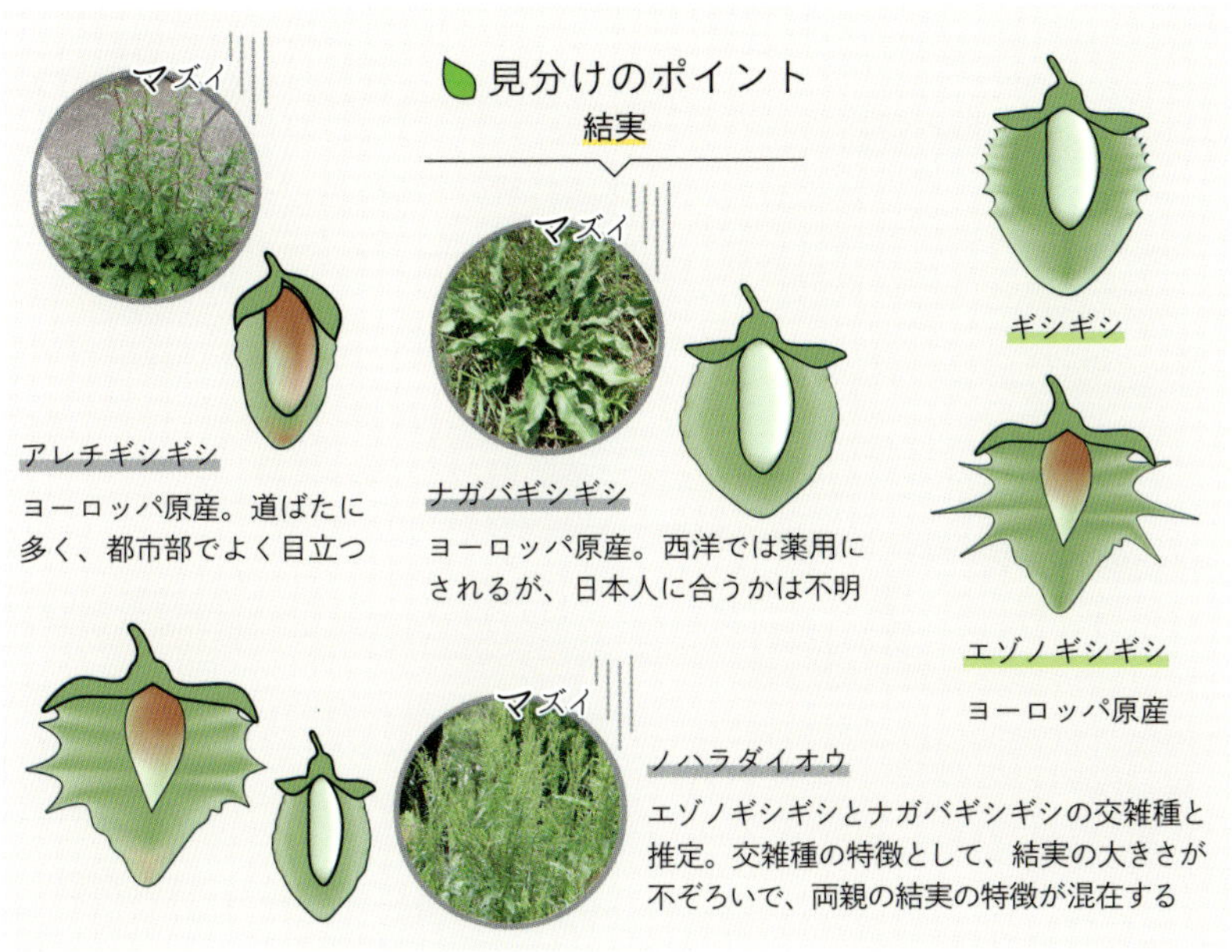

ヨーロッパ原産。道ばたに多く、都市部でよく目立つ

ヨーロッパ原産。西洋では薬用にされるが、日本人に合うかは不明

ヨーロッパ原産

エゾノギシギシとナガバギシギシの交雑種と推定。交雑種の特徴として、結実の大きさが不ぞろいで、両親の結実の特徴が混在する

さて、日本で食用に愛されてきたのはギシギシとエゾノギシギシだけ。その他の「そっくりな仲間」は使われてこなかった。図鑑では写真と一緒に「葉の特徴」などが解説されるも、実際に歩くと微妙なものが多く、たちまち混乱する。

しかし見るべきところを変えればとても分かりやすい。初夏の結実である。上図の形を当てはめてゆけば、食べられる仲間を識別できる。

ギシギシとナガバギシギシの区別は微妙だが、ギシギシの結実は「ヘリが細かくギザギザする」のが普通で、ナガバギシギシは「ごくわずかに、ゆるく波うつ」傾向が強い。

こうして野辺を見てゆくと、食べられるギシギシが想像以上に少なくて驚くのだ。

食べられる種族と確定できたら場所を覚え、新芽の時期に風流な味を楽しみたい。

酸いも甘いも植物の魅力、どちらも味わえるスイバ

雌株

スイバ　多年草

Rumex acetosa

利用：茎、葉

収穫：ほぼ通年

分布：本州〜沖縄

居所：宅地、道ばた、耕作地など

特徴

❶葉のつけ根がV字形にとがる。
❷雄株と雌株があり、それぞれ違う花穂を伸ばす。

みずみずしく、ほんのり甘酸っぱい

ジャム、サラダ、お浸し、和え物、炒め物などに。食感もよく爽やかな酸味が楽しい。シュウ酸を含むので下ごしらえでしっかり抜く。過食も控えたい。雄・雌どちらも利用可。味も同じ。

ギシギシの仲間（前項）と混同しやすく、だれもが何度も間違えるのがスイバである。覚えて忘れてを繰り返し、スイバの味わいもその豊かさを増してゆく。

近年、女性に大好評なのがスイバ・ジャム。西洋ハーブのルバーブを使うジャムは有名だが、スイバを使うと「ずっと爽やかで美味しい」と人気だ。ルバーブは栽培が必要だが、スイバはすぐそこにいる。

スイバの英名をコモン・ソレルという。ソレルの仲間は西洋料理ではお馴染みの食材で、この仲間のヒメスイバも食用にされることがある。

ヒメスイバはとても小さな畑の雑草で、根を伸ばしてよく殖える。ほんのりとした酸い味と甘味があるけれど、味わいに乏しく、なにしろちっこいので収穫と水洗いが大変。初学者にはオススメしかねる一品である。

マズイ

雄株

ヒメスイバ　多年草

Rumex acetosella

分布：全国（ユーラシア原産）

居所：宅地、道ばた、耕作地など

特徴

❶葉は幅が広い「ほこ形」。

❷雄株と雌株があり、それぞれ違う花穂を伸ばす。

小さな畑の雑草

とても小型なので大型のスイバとの見分けは簡単。庭や菜園にやってくると元気よく殖えてしまい、除草に苦労する。西洋ではフレンチ・ソレルが料理用ハーブとして栽培されるが、見た目と味はヒメスイバとうりふたつ。

見分けのポイント

葉のつけ根

スイバ

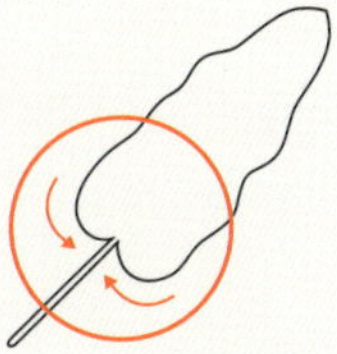

ギシギシの仲間

ちょっと違う甘酸っぱさ

さてスイバである。奥田重俊氏のレシピがかなり美味しそうなのでご紹介したい。

この若葉をナマのまま刻みクリームソースに加える。肉や魚のソテーと合わせれば「爽やかな風味を楽しめる」とある。

あるいはオーソドックスにお浸しにしてからマヨネーズと合わせても食欲をそそる。シンプルにワイルドな風味を満喫するなら、お浸しで辛子醤油と。あるいはさっぱりしたサラダドレッシングで。応用範囲が広い。

茎の皮をむき、歯でこそぐように食べるとみずみずしくて甘味がある。これも塩茹でしてから料理に使うと美味しい。

ギシギシとの違いは、上図右のとおり葉のつけ根がV字形にとがるところ。初夏に咲く花もまるで違う。

うまい

野趣あふれる味わいで人気の裏にそっくりさんも

ハルジオン　1年〜多年草

Erigeron philadelphicus

利用：花茎（つぼみ）、葉
収穫：ほぼ通年
分布：全国（北アメリカ原産）
居所：宅地、道ばた、耕作地、草地など

特徴

❶葉のつけ根が太くなり茎を抱く。
❷茎（根元）には横向きの毛が密生。
❸茎を切ると断面の中心部が空洞。

春菊に似た香味と苦味

天ぷら、和え物、炒め物などに。一品料理で風味を楽しむくらいがよく、多食は避ける。名前にハルとつくが、秋・冬も咲く。

ここでご紹介するのは、野草料理の世界で、根強い人気を誇る種族である。

愛される理由のひとつは、探す必要がまるでないことだ。大都会から里山まで、外に出たらものの数分で出逢うことができる。葉の姿があまりにも地味で気がつかないだけである。

ふたつめの魅力は花の愛らしさ。小さな目玉焼き風で、これを元気よくぽんぽんと咲かせた姿はきっと見覚えがあるはず。

みっつめは、ひとたび口にするや食欲を刺激される美味しい春菊風味にある。

空腹を満たすための野草ではないけれど、手軽に〝野趣を楽しみたい〟なら、副菜や一品料理で活躍してくれる名手。

ただ、よく似た仲間がいくつもあり、見た目はほぼ同じなのに、食材としての味と人気には「歴然とした差」がある。

人気が高いハルジオン

彼女たちは冬の間をロゼット（葉を放射状に広げた姿）で忍び、暖かくなる翌春を待って花茎を立ち上げる。このときが収穫期（ロゼットも収穫できるがクセが強め）。

小さなつぼみをつけた花茎や葉を摘み、そのまま天ぷらにするのがオーソドックス。葉は「うぶ毛」に覆われ、食感が悪そうに思えるが、天ぷらだとまるで気にならぬ。

あるいは熱湯にひとつまみの塩を加え、軽く茹で、水にさらしてからマヨネーズ、味噌などと合わせる（和えてしまうより、つけながら食べる方が風味を楽しめる）。最大のポイントは、食感を損なわぬよう軽めに茹でること。そして水にしっかりさらしたあと、水気をきっちり取り除きたい。

ほかに炒め物にも向くが、多食は避ける。

ヒメジョオン　1年〜越年草

Erigeron annuus

利用：花茎（つぼみ）、葉

収穫：ほぼ通年

分布：全国（北アメリカ原産）

居所：宅地、道ばた、耕作地、草地など

特徴

❶葉のつけ根が細くなり、茎を抱かない。

❷茎（根元）には横向きの毛が密生。

❸茎を切った断面に空洞はない。

繁殖力は抜群

調理法・注意点はハルジオンと同様。拡散能力に優れ、またたく間に殖える。

次に食べやすいヒメジョオン

ヒメジョオンは、名前も似ているが姿もそっくり。ハルジオンとヒメジョオンの区別は多くの人がつまずく難所。みんな例外なく悩んで間違えるので、どうか気長にゆっくりと。

小さな目玉焼き風の花を見かけたら、葉を見てみたい。葉のつけ根を見て、「茎を取り巻くように太くなる」のがハルジオン。「茎に向かって細くなる」のがヒメジョオン。このそっくりな両者は、驚くべきことに生存戦略がまるで違う。そのせいか「味わい」にも差が出る。食感はほぼ同じだが、口に広がる風味と後味の心地よさに明らかな違いが出る。

実際、野草イベントで食べ比べをすると、ハルジオンを好む人が圧倒的に多い。みなさんの好みが果たしてどちらに傾くのか、実に興味深いところである。

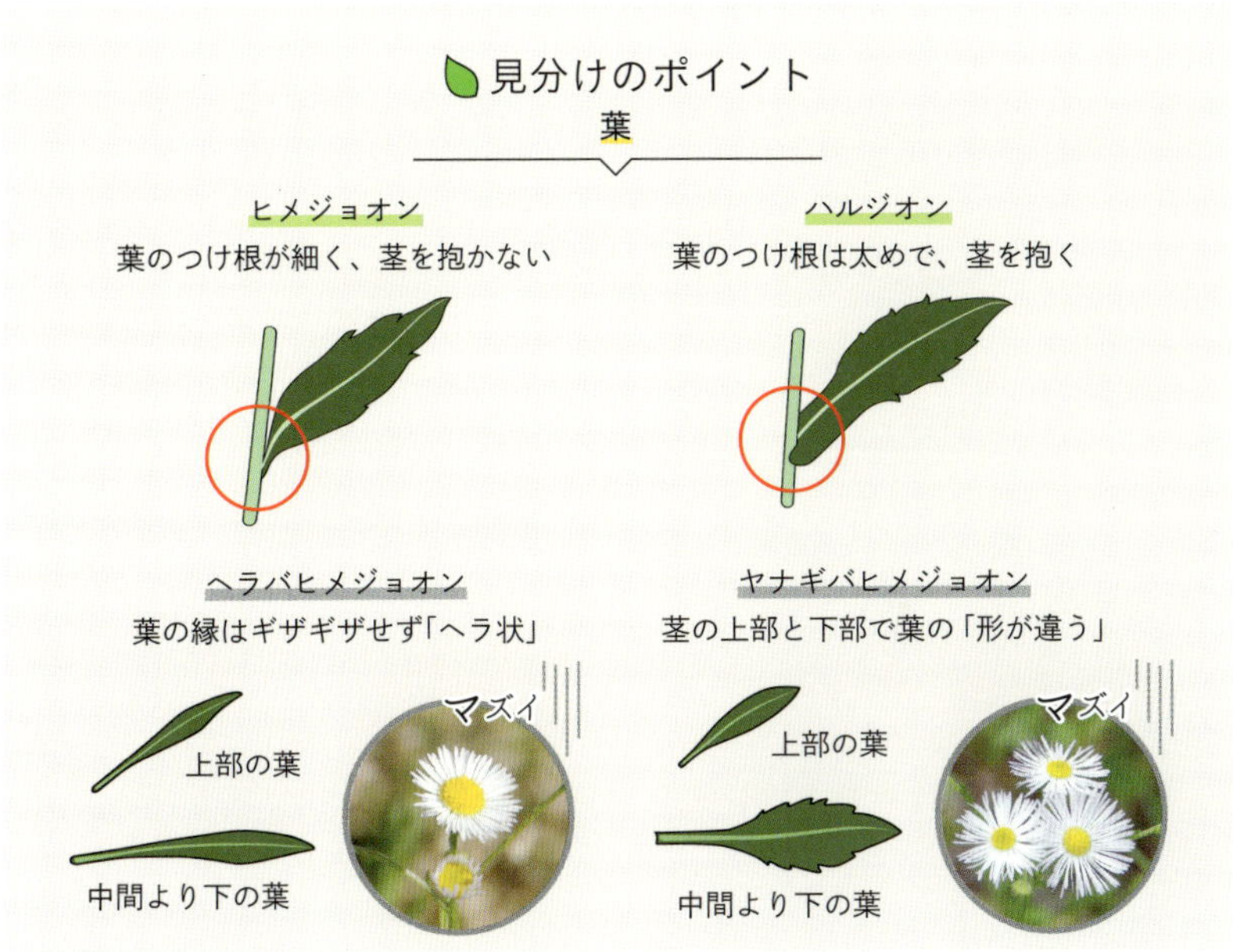

そして耐えがたいヒメジョオンたち

ヒメジョオンを採ったのに、「エグくてマズイのですが」と訴える方がしばしばある。それはきっと〝違うもの〟を食べたからだ。

ヤナギバヒメジョオンは、やはり道ばたや公園にたくさん生え、これを試食すると「もはや二度目はない」と確かに思う。

大きな特徴は、上部の葉と下部の葉で形が違うこと（上図）。

そしてもう一種、里山よりもむしろ都会の草地や公園で見かける機会が多いものにヘラバヒメジョオンがある。

葉の形がツルッとしたさじ形になるのが特徴。ハルジオン、ヒメジョオンの葉の縁はノコギリ状にギザギザしているが、ヘラバヒメジョオンはギザギザしないか、ごくわずかにヘコむくらい。食用にされない。

春の道ばたタンポポ祭り！見分けて遊ぶ春の楽しみ

うまい

セイヨウタンポポ　多年草

Taraxacum officinale agg.

利用：全草（根を含む）

収穫：ほぼ通年

分布：全国（ヨーロッパ原産）

居所：宅地、道ばた、耕作地など

特徴

❶外側にある総苞片が著しく反り返る（ただし、曲がり具合には変化が多い）。

❷花粉をルーペで見ると大きさがバラバラ。

絶妙なほろ苦さがウマ味

葉は天ぷら、和え物、炒め物に。花は天ぷら、茹でてサラダや副菜に。根はキンピラに。あるいは乾燥させ焙煎すればコーヒー風味のハーブティーに。

華やぎとほがらかさにあふれ、春の道ばたを飾るタンポポたち。

なかでもセイヨウタンポポはその数がケタ違いに多く、ゆえに嫌われることも多い。しかし明治初年に「美味しく食べることができる薬用植物」として、アメリカからわざわざ導入されたほど、その実力はケタ違いだ。

もともと日本にいたタンポポたち（後出）も、決してマズくない薬草だが、風味、収穫量、活用法の幅広さでは、セイヨウタンポポに遠く及ばない。

なにしろ日本のタンポポたちは早々に仕事を切り上げてしまうが、セイヨウタンポポ系はほぼ一年中、葉を広げて生産活動に汗をかく。製品の出来高（葉や根の量、含有成分量）は在来種の比ではない。また世界中で栽培・研究されているため、情報量もたいそう豊富である。

歴史ある食卓の薬草

学名の*Taraxacum*は「病気を治す（ギリシヤ語）」、または「苦い草（ペルシャ語あるいはアラビア語）」を語源とする。*officinale*は「薬用の（ラテン語）」。

つまり原産地では古代より花から根までのすべてを食用・薬用としてきた。

やわらかな葉を選んで摘めば、春の山菜みたいな〝ほろ苦いウマ味〟が魅力的で、ベーコンやバターと炒めれば最高である。

微笑むように咲く花はクセもなく〝ほのかな甘味〟すらあり、しばしば高級フレンチの副菜として愛用される。

太く伸びた根は、乾燥させてフライパンで炒るとかぐわしい香りが立ち、コーヒー風味のハーブティーに。それが強壮、解熱、健胃作用がある薬湯になると、いまも人気を誇る。

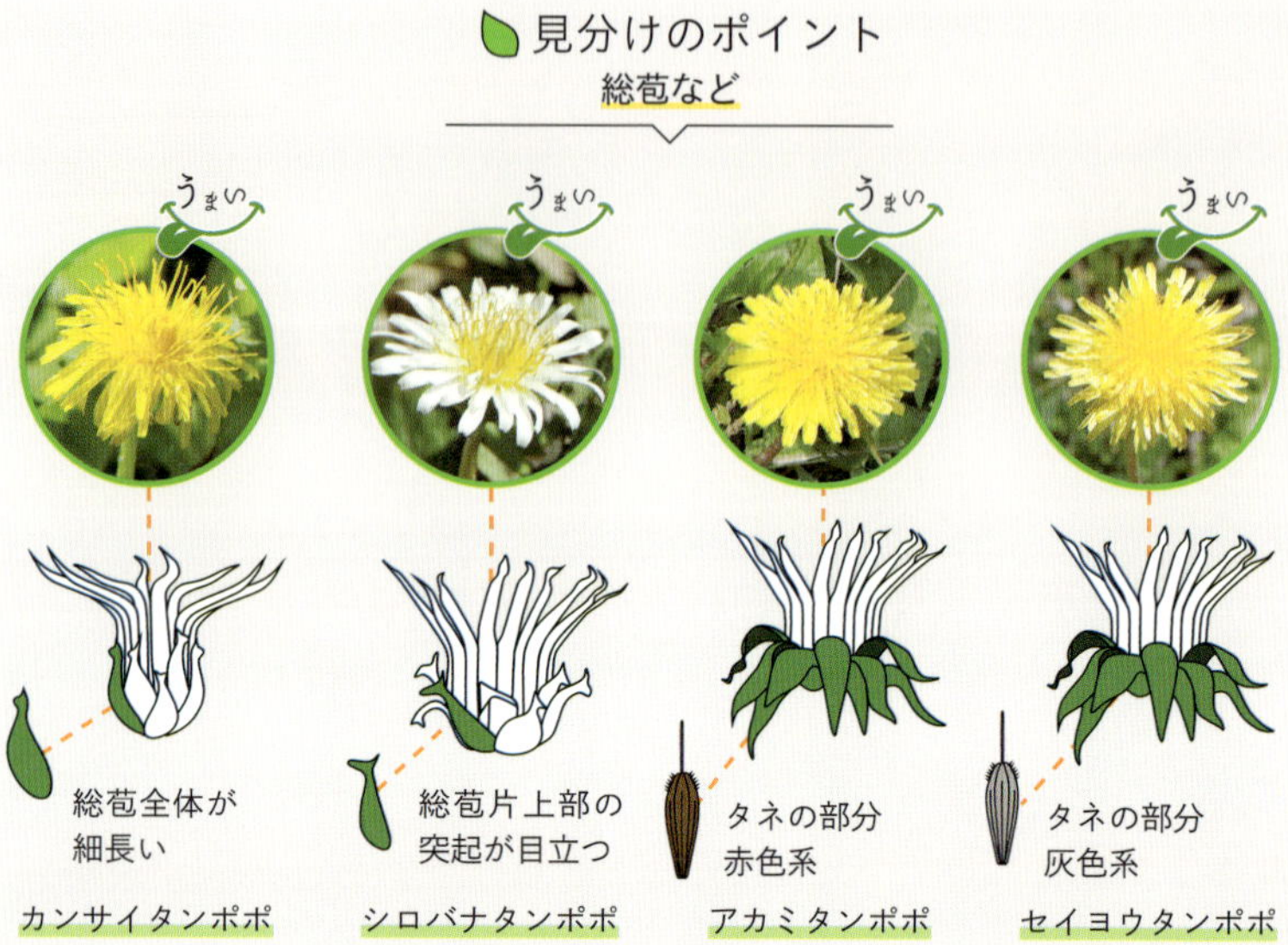

タンポポの見分け方

日本でも地域ごとにたくさんのタンポポたちが住み、その数は20種類に及ぶ。食用・薬用として利用されてきたのは、このうちごく限られたものだけである。

カントウタンポポとカンサイタンポポは食用・薬用となり、食べる場合は花と葉を使う。薬用には全草（乾燥）をお茶にすることで、強壮、解熱、健胃、利尿作用が期待され、シロバナタンポポはこれらに加えて肝臓機能の改善、貧血の改善などにも利用される。こうした薬用種の収穫を楽しむ場合、正しく見分ける眼力があるとよい。

上図では、微力ながらお散歩の楽しみを広げるお手伝いができればと、「比較的広範囲で見ることができる種族」をピックアップして、その特徴を比べてみた。

タンポポの見分けは「総苞」を見ると分かりやすい。これはアザミ（150～151ページ）と同じで、似たものが多いキク科植物については、「総苞」を見ておくと大変便利。写真を撮るときも花、総苞、葉を撮っておくと素晴らしい。

自分の身のまわりに「どの子がお住まいなのかしら」と訪ねてみると、たぶんきっと、びっくりする。

図鑑に載っていない「ヘンテコな総苞」の持ち主がちょいちょい顔を出すのだ。総苞の反り返り具合が散らかったようにハチャメチャであったり、総苞片の色が暗く黒ずんでいたり——。

困ったときはWebで検索してみたい。

多くの情熱的な大人たちが各地で丹念に調べてくれているのだ。それくらいタンポポの世界は楽しく、豊かで、愛らしい。

タンポポ風の花が咲く、美味しいのとマズイのと

うまい

コウゾリナ 越年草

Picris hieracioides subsp. *japonica* var. *japonica*

利用：やわらかな葉

収穫：秋〜晩春

分布：北海道〜九州

居所：道ばた、草地、荒れ地など

特徴

❶冬のロゼット（葉を放射状に広げた状態）が特徴的。

❷葉の色は明るい黄緑。紅色に染まる主脈がよく目立つ。葉の表面には毛が密生。

❸茎には紅いトゲトゲが密生（トゲが淡い緑のものもある）。

見分けやすくて食べやすい

天ぷら、和え物、炒め物などに。

道ばたでは、花の姿が「タンポポ風」の植物がとても多く、悩ましい。こうした植物のうち、美味しく楽しめるものはごく一部に限られる。

コウゾリナは、真冬に収穫を楽しめる野草である。その魅力は、身近に多く、収穫期が長いこと。「若葉が美味しい野草」はたくさんあるけれど、たいがい旬が短く、すぐに硬くなる。

真冬の数少ない楽しみ

コウゾリナのような越冬タイプは、長い冬でも新鮮な若葉を収穫でき、食感もよく、軽く塩茹でしてお浸しにすると、その味わいは食べやすい春菊風。ロゼットの中でもやわらかな葉を丁寧に選んで摘んでみたい。

コウゾリナは、花が咲くとタンポポ風の黄色い花をたくさんつける。雰囲気がよく似た

マズイ

ブタナ　多年草

Hypochaeris radicata

分布：北海道〜九州
（ヨーロッパ原産）
居所：道ばた、草地、荒れ地など

特徴

●葉の長さが寸詰まりで、色は沈んだ緑色。葉の主脈は赤く、表面には剛毛が多くザラつく。

こちらは食べられないロゼット

各地の道ばたにごく普通にいる。花の姿はタンポポとそっくりだが、葉がぶ厚くて硬く、ザラザラする。タンポポの葉はザラつかない。

ものがすぐそばにたくさんあるが、コウゾリナの茎には小さなトゲトゲ（剛毛）が並び、その色もたいてい血のように紅く、痛々しく見えるので分かりやすい。

一方、ブタナという植物も、花の姿がタンポポにそっくり。ロゼットの雰囲気も似ているが、これは食べられない。

道ばたから草地まで、いたるところに数えきれぬほど生えている。たいていタンポポやコウゾリナと隣り合うので、ブタナを採ってしまう人も少なくない。

ブタナの葉は、指先で触れるとザラザラするほど剛毛にまみれており、葉も暑苦しいほどぶ厚い。

美味しいタンポポやコウゾリナの葉は薄く、指先で触れたとき、しっとりした感触が心地よい。収穫のときは「手触り」も非常に大事なポイントになる。

うまい

西洋ハーブの魅惑の香気は、根がブドウ酒で花がハニー

オオマツヨイグサ
Oenothera glazioviana

可変
2年草

利用：花、つぼみ
収穫：夏
分布：園芸改良種
居所：宅地、荒れ地、草地など

特徴

1 花はレモンクリーム色で、しぼんでも紅くならない。
2 花茎に紅い剛毛が目立つ。

かつて庭園の名花、いま珍品

大きな花は食べられる。ヨーロッパで品種改良されたと推定される園芸種。野生化したが現在では滅多に見なくなった。

オオマツヨイグサには〝月見草〟という別名があり、別名の方が有名である。

「富士には月見草がよく似合う」と太宰治が『富嶽百景』に記すが、おそらくオオマツヨイグサを見たのではないかと考えられている。草むらからすっくと立ち上がり、大人の身の丈ほどに伸びる。夕暮れ時にレモンクリーム色をした大きな花を次々と咲かせる様子は壮麗そのもの。よほど人の心を魅了するのか、俳句の季語にもなった。

本種の由来には諸説あるが、人の手で交配されたものと推定され、園芸種として人気を博した。日本でも各地の庭で愛育され、やがて逃げ出し、各地で大いに広がった。いまでは別のマツヨイグサの仲間にとって代わられ、滅多に見ぬ珍品となる。

花は食用にできるが、香りと満足感は次にご紹介するメマツヨイグサに及ばない。

うまい

メマツヨイグサ　可変２年草

Oenothera biennis

利用：根、葉、花・つぼみ

収穫：通年（根・葉）、初夏〜初冬（花・つぼみ）

分布：全国（北アメリカ原産）

居所：宅地、道ばた、耕作地、草地など

特徴

❶花はレモンクリーム色で、しぼんでも紅くならない。

❷茎にやわらかな白い毛がある。

❸葉の葉脈に「紅色」が差す。

世界で活躍する西洋ハーブ

根はボイルしてからスープやグラタンの具材に。葉も茹でて和え物、炒め料理に。花は生食でき、サラダ、肉料理、デザートなどの添え物で。

こう見えて世界的な薬草

オオマツヨイグサが珍品と化すなか、メマツヨイグサは探さなくても見つかる。猛烈に殖える迷惑雑草だが、全草が食用となり、種子のオイルは薬用として人気がある。

もっとも使い勝手がよいのは「花とつぼみ」。花が咲くのは夜7時くらいから。開花直後の香気は最高潮で、優しいフローラルな香気の中にハチミツの甘いフレーバーが囁く。翌日の午前中ならまだ間に合う。これを摘み、ナマで食べれば口の中で甘い香りのお花畑が広がり、とてもおもしろい。

春と秋冬に採れる葉も、クセや苦味は皆無。ややネバりがある食感が楽しい。

白くて太い根もボイルすればカブの感覚で味わえる。しかも運がよければ熟成したブドウ酒のような香りと味を楽しめる。

マツヨイグサ　1年～越年草

Oenothera stricta

利用：葉、花・つぼみ
収穫：通年（葉）、初夏～初冬（花・つぼみ）
分布：本州～九州（南アメリカ原産）
居所：宅地、道ばた、耕作地、草地など

特徴

❶花はレモンクリーム色で、しぼむと「紅く」なる。
❷茎にやわらかな白い毛がある。
❸葉は「細長く」伸び、葉脈は「白っぽい」。

そっくりでも利用法が違う

本種の場合は「葉」と「花・つぼみ」を使うのがオーソドックス。花の香りはやや弱めな印象。

こちらはおもに観賞用

日本にはよく似た仲間がいくつも帰化しており、混乱する人が多い。マツヨイグサの仲間であれば、「花とつぼみ」を利用するくらいならリスクは少ないと思われる。

ここでご紹介する「マツヨイグサ」もそっくりだけれど、薬用利用はあまり知られず、食用にしてもメマツヨイグサほどメジャーではないのだ。採取や下ごしらえなどの苦労をするなら、やはり「よいもの」を選んでおくと満足感が違ってくる。

マツヨイグサとメマツヨイグサは、草丈から花姿まで鏡に映したようにそっくり。この両者で悩んだときは、葉の葉脈を見ればとても簡単。「白っぽい」ならマツヨイグサである。本種も園芸種として愛育され、野生化しているが、その数はとても少ない。

マズイ

ヒナマツヨイグサ。園芸種で食用にされない。宅地周辺でたまに野生化する

うまい

コマツヨイグサ。地を這うように茂り、「花」は天ぷら、料理やデザートの飾りに。開花は初夏〜初冬

小型種の大いなる魅力

この仲間にはちっこい種族もいて、これがまた愛嬌たっぷりで可愛いのである。

コマツヨイグサは、道ばたでよく見かける種族で、茎葉を地面に広げてこんもりと茂る。花は小さいけれど香りはすこぶるよく、サラダやデザートの添え物にぴったり。花つきもよく、凍える冬にも開花する猛者なので、長く楽しむことができる。花がしぼむと「紅色」になるのもよい特徴である。

住宅地の周辺では、ごくたまにヒナマツヨイグサという小型種も出現する。その愛らしさはこのうえもなく、うっかり見つけると思わずジタバタしてしまうほど可愛らしい。特徴は「ひょいと1本立ち」し、花の大きさも数cm以下と極小サイズなこと。こちらはおもに園芸用で食用にされない。

うまい

タデ食う人も好き好き、〝本物〟を探す楽しい旅路

ヤナギタデ　1年草
（ホンタデ、マタデ）

Persicaria hydropiper

利用：地上部（つぼみ、花を含む）
収穫：初夏〜秋
分布：全国
居所：湿った草地、休耕田など

特徴

1. 托葉鞘には短めの毛がある（この中に花がつくのも大きな特徴）。
2. 茎は無毛。
3. 花穂は細長く伸びてしなだれる。花はまばらに咲く。
4. 葉の表面に「黒っぽいV字の斑紋」は「ない」。

目が覚める鮮烈な辛味

刺身のツマ、調味料と合わせて料理用のスパイスやディップに。

ひと味違った楽しみを求める方には、タデの仲間がオススメである。

普通の人なら見向きもしないこの仲間は、立ち姿がとてもかっこよく、一見すると地味な花穂も、近づけば精緻な細工と色彩に満ちている。

この仲間たちは身近にとても多く、種類も豊富で、花の芸術性にも個性が光る。そのうちいくつかが食用・薬用として愛されてきたが、なかには普段、みなさんがお世話になっているものもいる。

お刺身を食べるとき、器のすみっこに、ちっこい深紅のふたばたちが盛られていたりする。アレがタデのふたばで、栽培種のタデが使われるが、その母種が野辺にいる。一般にホンタデ、マタデと呼ばれるもので、「タデ食う虫も好き好き」のタデはまさに本種の〝味〟に由来するのだ。

托葉鞘

貴族が愛した〝本物〟の味は

　ホンタデの標準和名をヤナギタデという。どこにでもいるタデでは決してないが、里山の休耕田、湿地、丘陵の湿った道ばたで大きな群落をこさえている。

　葉、つぼみ、花が食用となり、それらすべてが目を白黒させるほど辛い。トウガラシにも似た強烈なパンチにガツンとやられるけれど、たちまちスッと消える。トウガラシと違い後味爽やかで、辛味スパイスとしては非常に上品。これは大変重宝する。

　全草が薬用とされ、解熱薬、暑気あたりの予防・改善など。とりわけ「食あたりの予防」は有名で、魚料理にヤナギタデのふたばが添えられるのは、料理人の美的センスと客人への気遣いによるものだ。古く平安時代から貴族の食膳に欠かせぬ逸品であった。

托葉鞘

ボントクタデ　1年草

Persicaria pubescens

分布：全国

居所：ハイキングコース、湿地、休耕田など

特徴

❶花穂は細長く伸び、しなだれ、ヤナギタデとそっくり。
❷茎に「短い上向きの毛」がある。
❸托葉鞘には長めの毛があり、長さは托葉鞘の長さと同じくらい。
❹葉の表面に「黒っぽいV字の斑紋」がある。

そっくりだけれど辛くない

ヤナギタデを探す旅路で、目の前の相手がタデの仲間だと分かれば、葉を噛んでみるのが手っ取り早い。明らかな辛味があるのはヤナギタデだけ。

それは〝ポンツク〟

珍味ヤナギタデを探しに出かけると、たぶんその手につかむのはボントクタデ。

ボントクとはポンツクから転訛した言葉のようで「愚鈍なもの→役に立たない」という意が込められているようだ。

見た目の雰囲気、しなだれる花の姿のすべてがヤナギタデとそっくり。ボントクタデは身近にあり、多くの人がやっぱりだまされる。

とても簡単な見分け方がひとつある。葉をかじり、しばし噛み続けるのだ。まもなく強烈な辛味に襲われたらヤナギタデ。ボントクの場合、次第にヌメリが出てくるが、辛味はまるでない。

もしも身近なタデを愛でてみたいという方は、上記の見分け方を手がかりに。あなたのお気に召す1本がきっと。

托葉鞘

ハナタデ　1年草

Persicaria posumbu

分布：全国

居所：ハイキングコース、雑木林の中

特徴

❶花穂は細長く伸び、「斜めに立ち上がる」。
❷茎は「無毛」。
❸托葉鞘（左図左下）には長めの毛があり、長さは托葉鞘の長さと同じくらい。
❹葉の表面に「黒っぽいV字形の斑紋」がある。

林内を飾る楚々とした花のさざ波

小型のものが多いが、たまにヤナギタデやボントクタデに雰囲気が似るものが出現する。葉にV字形の斑紋があり、茎が無毛なら本種。葉に辛味はなく、ヌメリがある。茎に「毛」があればボントクタデ。

花の姿が〝味わい深い〟

花がまばらにつく雰囲気が、ちょっと似ているものもいる。ハナタデと呼ばれ、これも身近に多い。

草丈はまちまちで、50㎝ほどまで立ち上がることもあれば、20〜30㎝と小柄であることも多い。小さなヤナギタデという雰囲気で、野辺ではちょっと悩ましい。

ハナタデの特徴は、花穂をしゃなりと立ち上げ（ちょっと気だるそうに頭を傾ける感じではある）、葉っぱの表面にV字形の黒っぽい斑紋を浮かべるところ。

この葉っぱを噛んでも辛味はまるでないほか、食用・薬用としては利用されない。

木陰の中で、たいてい群れて暮らし、慎ましやかな花の宴を楽しんでいる。見慣れるほどに愛おしさが増す子。

托葉鞘

イヌタデ　1年草

Persicaria longiseta

利用：葉、花穂

収穫：初夏～冬

分布：全国

居所：庭、畑、道ばた、荒れ地など

特徴

1. 花穂はビビッドな紅桃色で、小花がぎゅっと密集する。
2. 托葉鞘には長い毛があり、その長さは托葉鞘の長さを超える。
3. 葉の表面に「黒っぽいV字の斑紋」がある（色は薄めのことが多い）。

遊び心をそそられる愛らしさ

花穂をくずしたものを料理・デザートのトッピングに。葉は天ぷら、和え物で。花穂のフォルムが愛らしく、花色も鮮やかなため花材としても大人気。

役に立つ〝イヌ〟

植物の和名には〝イヌ〟とつくものがいくつもある。「本物と似てるけど、役に立たないもの」を意味することが多い。

イヌタデは、役に立つホンタデ（ヤナギタデ）に対してつけられたとされる。

身近にとても多く、乾燥気味の庭や草地にたくさん住みついている。

葉にはちょっとした香味があり、食用可。噛むうちにネバりも出ておもしろい味わいがある。

しかし、おもに使われるのは愛らしい花穂で、花をこそげ落としてバラバラにしたら、料理やデザートに飾りつける。

乾燥させた全草は、下痢にともなう腹痛を治め、腹の虫（回虫）を駆除する薬湯として民間利用される。なんとしっかり役に立つのだ。

マズイ

オオイヌタデ。花穂は白と淡いピンクが織り交ざり、大きく伸びて、くったりとうな垂れる（小型のものはやや立ち上がる）

マズイ

ハルタデ。花穂は白と淡いピンクが織り交ざり、ピンと立ち上がる（大型のものはややうな垂れる）

見分けのポイント　托葉鞘と葉

コブ状で毛は「ない」

淡いＶ字模様あり

オオイヌタデ

細く上部に「短い毛」

濃いＶ字模様あり

ハルタデ

奥深い、こ洒落た楽しみ

次の種族は利用こそされぬが、道ばたや草地を美しく飾っている仲間たちである。

散歩の途中でよく目立つのがハルタデ。花穂の色は白と淡いピンクがモザイク状になる。遠目では地味でやさぐれた感じすらあるけれど、近寄ればほんのりとした優美さとこ洒落た風情が伝わってくる。ときに大型化することがあり、すると次のものと似てくる。

オオイヌタデは、河川敷や休耕田のあたりでズンズンと大柄に立ち上がる種族で、草丈はときに２ｍまで達する。

草丈は環境によってまちまちで、小柄であるとハルタデとそっくり。この２種の識別は複雑だが、その基本は上図のとおり。

タデの世界は実に奥深く、食べずとも花材としての遊び甲斐は無限大。

うまい

そっくりで「まるで違う味」、その落差は天国と地獄

アマチャヅル 多年草

Gynostemma pentaphyllum

利用：茎葉
収穫：晩春～初夏
分布：全国
居所：道ばたのヤブ、林縁など

特徴

1. 葉の表面に「うぶ毛」を生やす。
2. 花は繊細な星形。
3. 結実は球形で、黒っぽい緑色。下の部分に「天使の輪」みたいな白い円が浮かぶ。

運がよければ“和菓子”級

天ぷら、ハーブティーに。葉が甘くなる地域にお住まいの方は本当に幸運である。

これからご紹介する種族は、特徴の違いがたくさんあるのに、だれもが非常に苦戦する、なぜだか覚えづらい顔ぶれである。ひとたび図鑑で覚えても、「道ばたで探すとたちまち混乱」。

アマチャヅルは、しばしばブームを巻き起こす有名な薬草で、高価な朝鮮人参と「同じ成分を含む」とする論文がずいぶん前に公表された。以来、お茶にしたものなどがもてはやされ、滋養強壮、胃や十二指腸潰瘍の改善、アレルギーの症状緩和にと、宣伝文句もどんどん増えた。

それらに興味がなくとも、「葉っぱを噛むと甘い」と図鑑に書かれたら、そりゃあ、ぜひとも食べてみたいと好奇心をそそられる。いざ野辺に飛び出したところ、たちまち悩み込む。あげく〝辛いやつ〟を噛み、ひどくゲンナリさせられる。

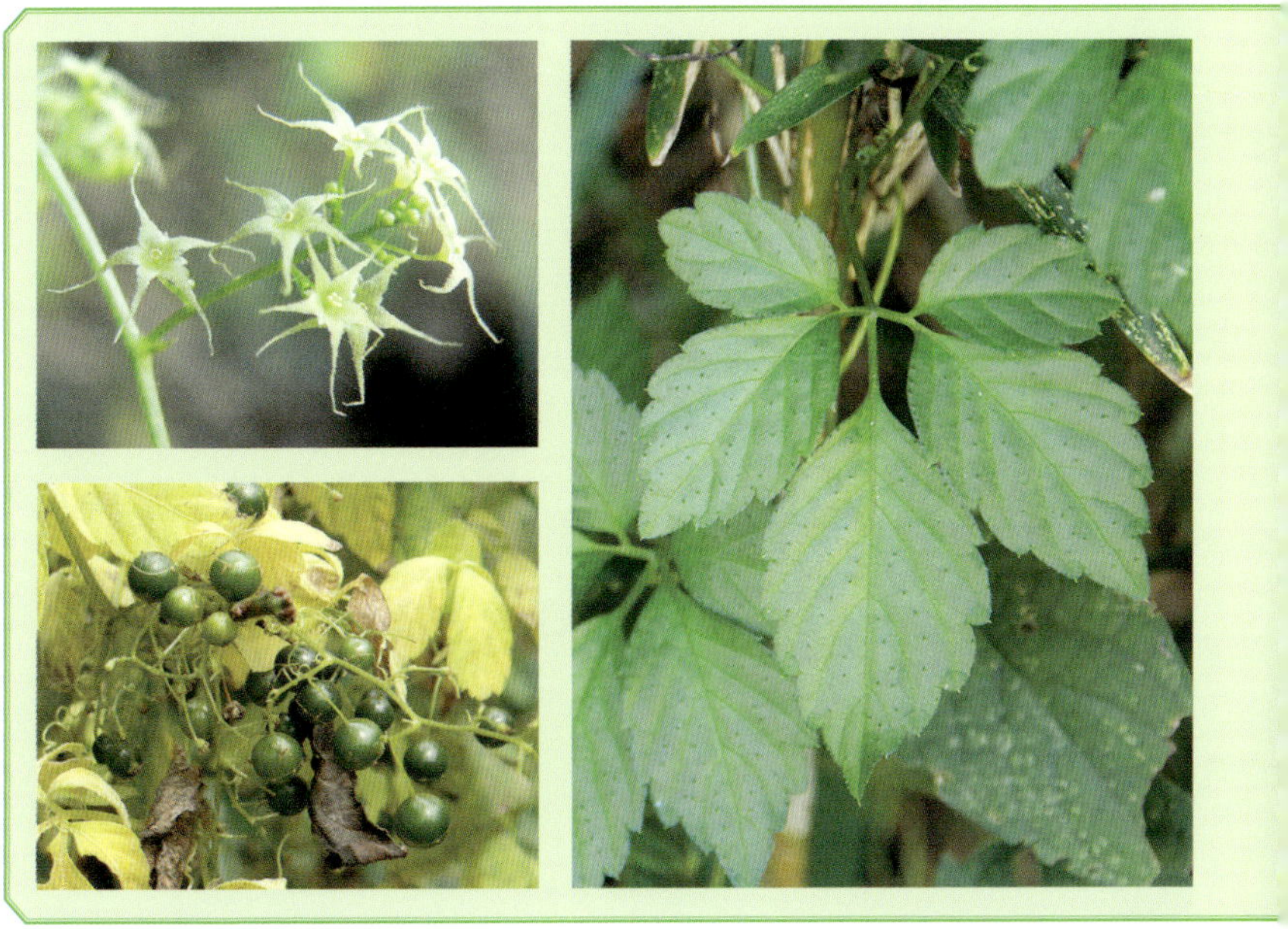

根気と運気が不可欠で

「これまで甘かった試しがない」と、わたしは何度も書いた。幾度となく食べてみたけれど、甘いどころかブカブカするだけ。ほかの研究者に聞いても同じだ。たったひとりだけ「甘いですよ！」。

東海地方の研究者、半谷美野子氏である。彼女のフィールドを歩いたとき、ものは試しと噛んでみた。「甘い！　これは美味しい！　高級和菓子みたいだ」。

どんな野草も、その風味は環境や個体ごとに変化するが、ここまでとは。

茎葉が食用・薬用とされ、シンプルに天ぷらや野草茶で楽しまれる。もしもみなさんのご近所のものが甘かったら、もっと違った楽しみも、きっと。

ただ、よく似たエグい別種にご用心。

ヤブカラシ 多年草

Cayratia japonica

分布：全国

居所：庭、耕作地、ヤブ、林縁など

特徴

❶葉の表面は無毛でツヤツヤ。

❷花はテーブル状で、似たものがない独特の姿になる。

❸結実は球形で真っ黒（ただし、温暖地以外では滅多に結実しない）。

苦い辛いエグいの無敵３点セット

クセの強さがエゲツないが、新芽をアク抜きして食べるとヌメりがあって美味しい。根も解毒用の民間薬とされるが初学者には不向き。

こんなに違うのに悩ましい

かつてのわたしを含め、アマチャヅルを探していると、真っ先に「これだろう！」と手にするのがヤブカラシ。葉のイメージがそっくりなのだ。

どこにでもいる、駆除が困難な迷惑雑草で、全草が苦くて辛くてエグい。それでも食用・薬用植物なので、食べすぎなければ有用な植物。ただし下ごしらえや利用する分量の見極めが面倒で、野草料理に慣れていないと扱うのがちょっとむつかしい。

初学者のうちは通り過ぎておき、普通の野草に飽きたとき、話のネタにでもと試食を楽しむくらいがちょうどよい。

明らかな違いは「葉の表面」。ヤブカラシはいつだってツルッと艶やか。アマチャヅルなら目立つ「うぶ毛」を生やしている。

うまい

雄株

雌株

カナムグラ　１年草

Humulus japonicus

利用：葉、花穂（雌株の場合）
収穫：晩春〜初夏
分布：北海道〜九州
居所：耕作地、ヤブ、林縁など

特徴

❶葉の表面は微細な毛が密集してザラザラする。
❷茎や葉の裏に細かいトゲが並ぶ。
❸雄株の花穂は風鈴みたいに黄色い雄しべを下げる。雌株の花穂はホップのような姿。

野辺のホップはオツな味

葉と花穂（雌株）は天ぷら、和え物、炒め物、ハーブティーなどに。雌株の花穂はなかなか美味しい。

アマチャヅルと葉の形がよく似て、なんと表面に毛がある〝別物〟も身近に多い。カナムグラである。

このやわらかな葉は食用になり、天ぷら、和え物、炒め物で楽しむことができる。

本種には雄株と雌株があり、夏と秋に雌株がぶら下げる花穂はホップを思わせるフォルムをしている。それもそのはず、ホップは同じ仲間なのだ。

カナムグラの花穂をハーブティーにすると、健胃や解熱作用があるとされ、クセもなく、飲みやすい。惜しいことにホップのような豊かな香気はほぼないけれど。

特徴は、茎や葉に「細かなトゲトゲ」がびっしり並んでいるところ。アマチャヅルやヤブカラシはツルッとスベスベである。

この３種、覚え始めのころは特に悩ましい。だれもが一度は通る迷い道なのだ。

うまい

路傍の〝春のプリンセス〟が隠しもつ牙にご用心

スミレ 多年草

Viola mandshurica

利用：花
分布：北海道〜九州
居所：道ばた、草地、耕作地、海岸など

特徴

❶花色は「濃厚な紫色」が基本（色彩には変化あり）。
❷左右の花びらの内側に白い毛がある。
❸葉の形は細長い「ヘラ形」。葉の柄にある「翼」（左ページ図）が太め。

高貴な“色彩”を召し上がれ

サラダ、カナッペ、マリネ、デザートのトッピングに。

スミレたちは、その素晴らしい色香を食卓という舞台でも鮮やかに披露してくれる。料理やデザートの〝彩り〟に加えるだけで華やぎと輝きを増すからふしぎ。

ところが食用にできるスミレは数えるほどしか知られていない。

これからご紹介するスミレたちは、身近に住み、長く食用や薬用として利用されてきた有名な顔ぶれとなる。

葉を食用にできる種族もあるが、それでも味見くらいが適量である（安全性の詳細は不明な点が多い）。

身近にはたくさんのスミレがお住まいで、それぞれがよく似ており、なかには後述のとおり有毒な種族も混ざっている。

まずは利用できる基本種の姿と特徴に慣れてみたい。

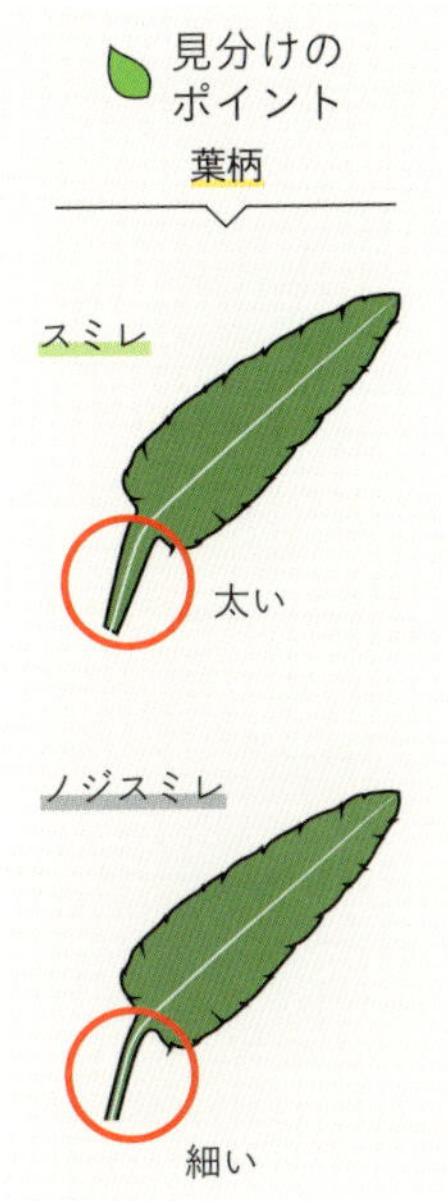

ノジスミレ。スミレとそっくりだが、花色にムラがあり、葉柄の「翼」（左図）がごく狭い

華やかなエディブル・フラワー

色の名前に〝菫色〟とあるように、スミレのたおやかな色彩は典雅そのもの。

住まいの好みがちょっと変わっていて、市街地の道路、歩道の割れ目、ガードレールの下などでよく見かけ、粉塵をかぶりながらもご機嫌な様子で咲き誇っている。

料理では花が大活躍するのだけれど、こうした場所での収穫は避けたい。豊かな草地を散歩して、顔色のよいものを探してみる。

道ばたや草地ではノジスミレにもよく出逢うだろう。こちらは利用されてこなかったので、しっかり見分けておきたい。花のフォルムがやや丸っこく、花びらの開き方がちょっと気だるくだらしない感じ。葉の柄にある「翼」を見ても区別がつく。利用はされぬが素晴らしい甘い香りをただよわせる風雅な子である。

ニオイタチツボスミレ。北海道から九州にかけて、公園の草地、雑木林の中などで見られる。花色は濃厚な紅紫系で、強い芳香がある

托葉

タチツボスミレ　多年草

Viola grypoceras var. *grypoceras*

利用：花、葉

分布：全国

居所：宅地周辺、草地、荒れ地など

特徴

1. 花色は淡い水色からやや濃いめの青紫色。
2. 葉は丸みを帯びたスペード形。
3. 托葉があり、ギザギザした鋭い切れ込みが入る。

澄んだ青空の色彩が料理を飾る

花の利用法はスミレと同様。葉も天ぷら、お浸し、和え物に。

春の青空をプレートに描く

タチツボスミレは、その花色がスミレとまるで違っている。涼やかな淡い水色をして、花も大きめで丸っこい。葉の形がスペード形であるのもスミレと違うところ。

道ばた、草むら、公園、雑木林などに住んでおり、たまに宅地の庭にひょっこりと生えてくることもある元気者。

身近にたくさんいて、収穫しやすい。本種は葉も料理で使われてきたので、遊びの幅も広がる。

のどかな草地では、そっくりなニオイタチツボスミレも顔を出す。花の顔立ちがいっそうまるぽちゃで愛らしくなり、しかも最高級の香水を思わせる芳香をもつ。幸運に恵まれて収穫できたら、デザートにそっと飾りつけたい。贅沢な春のランチに最適。

マズイ

アメリカスミレサイシンの仲間

生命力と繁殖力が強力な帰化種のスミレたち。栽培されていたものが逃げ出し、各地で野生化している。いずれも食用・薬用にはできない顔ぶれである。

‘パピリオナケア’

‘プリケアナ’

‘スノー・プリンセス’

隠された毒の牙

身近なスミレたちはどの花も愛らしく、いろいろ遊んでみたくなる。

スミレのプリンセスたちは、その甘いマスクで微笑むけれど、その奥底ではしっかり野生の牙を研いでいる。

種族によってはビオリンという神経毒を生産している。おもに種子や根茎に多いのだけれど、少量ながらも全草に広がり、むやみに食べようとする捕食者をこらしめようとする。どの種族にどれだけ含まれるかの詳細は不明なものが多い。野辺では長く利用されてきた基本種だけを選び、安全なものでも過食を避けるのが賢明な判断である。

近年は上記にあげた園芸種のスミレたちが大いに逃げ出し、野生化している。こうしたスミレの利用もリスクがあるので避けておきたい。

野に咲く美しい〝顔〟たちの顔色をうかがうポイントは

ヒルガオ　多年草

Calystegia pubescens

利用：地上部（花を含む）、根

収穫：ほぼ通年

分布：北海道〜九州

居所：宅地、道ばた、耕作地、草地など

特徴

❶葉は細長く伸びる（ただし、変化が多く安定しない）。

❷花の柄はツルッとしてスベスベ。

愛らしい微笑みを食卓に

天ぷら、和え物、炒め物などに。新芽や茎葉にはやや苦味がありがちなので、水にしっかりさらすとよい。

朝顔、昼顔、夕顔、夜顔――その名に「顔」がつく花はさまざま。

これらのうち、もっとも可憐、極めて豪胆、もれなく凶悪なのが、身近に多くいるヒルガオたち。

美人にはクセがある。この美しい花にはアクがある。しかし、幸いなことに、この花のアクはちょいとひと手間かけるだけでなんとかなる。除草がてら食卓を彩ってみてはいかがであろう。

ほとんど1年を通して、ヒルガオは収穫できる新芽を伸ばす。穂先の部分を摘み、熱湯にひとつまみの塩を。しばし湯の中で躍らせたら、今度は冷や水を浴びせ身を引き締める。さすがの彼女もここでアクが抜けてくる。水をしっかり切ったら、カツオ節をテンコ盛りに飾りたて、醤油（または酢醤油）でさらりといただく。美味。

うまい

コヒルガオ　多年草

Calystegia hederacea

利用：地上部（花を含む）、根
収穫：ほぼ通年
分布：本州〜九州
居所：宅地、道ばた、耕作地、草地など

特徴

❶葉の幅が広め（ただし、変化が多い）。
❷花の柄には「波うつ隆起」がある。

やや小ぶりなヒルガオ

利用方法はヒルガオと同様。味や食感に違いはない。

「初夏の彩り」を賞味する

愛らしいピンクの花は、熱湯でさっとゆがく。このとき、お湯に小さじ1杯ほどの酢をたらすと、華やかな顔色を残したまま賞味できる。ナマのままでも、うっすらところもをつけて天ぷらでも。サックリとした心地よい歯ごたえをお楽しみあれ。

除草で抜いた根も、天ぷら、煮物にして、家族の胃袋で除草してみるのも一手。

さて、ヒルガオとそっくりな顔も身近にたくさん。コヒルガオとアイノコヒルガオである。

食用としては、識別されずに使われている。薬用としては、ヒルガオとコヒルガオでは作用と用途に若干の違いが知られてきたが、家庭ではまず気にしなくてよいレベル。ただ、ひとたび見分け方を知ると、散歩が俄然おもしろくなる。

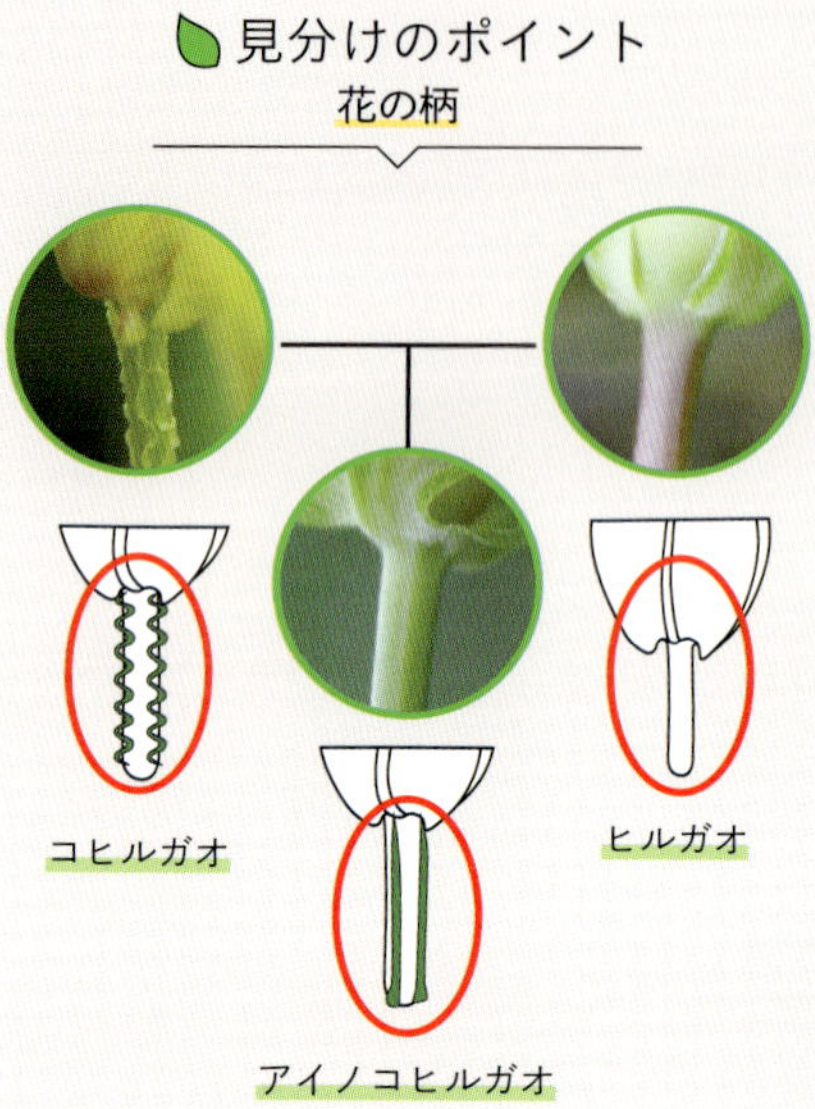

アイノコヒルガオ。ヒルガオとコヒルガオの自然交雑種。花の柄に「低い直線状の隆起」がある

見分けても、見分けなくても……

世の中、知るほどに「沼」と化すのは植物の世界も同じ。「あらためてよく調べてみたら、ちょっと違うヒルガオがいる」ことが分かってきた。これまで知られてきたヒルガオでもコヒルガオでもない、アイノコヒルガオの存在である。身近な道ばたを調べてみると、アイノコヒルガオの多さにびっくりする。

見分ける方法は実にシンプルで、つぼみの時期を迎えたら「花の柄」を見てみたい。上図のような違いがある。

アイノコヒルガオは、ヒルガオとコヒルガオの間にできた交雑種。両親は滅多に結実しないが、この〝奇跡の子〟が〝やたらといる〟のがちょっと解せず、このささやかなナゾにも心が躍る。そしてただの「ヒルガオ」を探すと、なかなか見つからなくて、これまた驚くのだ。

マズイ

グンバイヒルガオ。本州の暖地沿岸から沖縄にかけて分布。葉は「軍配形」。ヒルガオの名がつくが、血筋はアサガオ系

マズイ

ハマヒルガオ。北海道から九州にかけて分布。葉は寸詰まりの「腎臓形」

海辺の笑顔は「渋い顔」

沿岸部にお住まいの方なら、また違った夏の笑顔と出逢うだろう。花はそっくりだけれど、葉の形がまるで違う。

ハマヒルガオは、葉の形が「腎臓形」。

グンバイヒルガオは「軍配形」。

いずれも沿岸部の砂浜から市街の道ばたまで広く生息し、たまに内陸部でも見つかったりする。

この２種は苦味やエグ味が強めで、よほど手慣れていないと使い勝手が悪い。この子たちを「どうしても食べなければならない」といった状況は、当面ありそうもない。ずっと食べやすいヒルガオたちの方が圧倒的に多いからである。

身近にはもうひとつ、重要な顔がある。うっかり試すとひどい目に遭う顔だ（次ページ）。

こちらのお顔に要注意

アサガオは、そのタネが生薬原料になることが広く知られる。「生薬原料なら身体に入れても安心」と思われがちだが、実際には違う。身体に〝強烈な副作用〟を与え、実際に試した人はひどい食中毒を起こしたような激痛に苦しんだそうである。

アサガオと名がつくもので、道ばたで見かけるものはすべて食用にすべきではない。〝すべて〟と言うのは、身近にはとても多くのアサガオたちが野生化しているから。庭から逃げ出した園芸種たちや、海外から来た野生種たちが色とりどりに咲き誇る。特に秋の道ばたはアサガオ祭りで、荒れ地ばかりか畑をも埋めつくすお花畑となっている。ひとたび菜園に侵入されると、長いお付き合いを強いられる。

繁殖力のモーレツさは、電車の車窓からもよく分かる。青紫色をしたアサガオが線路沿いをゴージャスに埋めつくしている。ノアサガオという野生種が変異した〝オーシャンブルー〟であろう。放置すると際限なく殖える「支配者タイプ」だ。

園芸アサガオの多くは控え目な態度だが、野生の血が濃いタイプはやはり暴れ出す。〝自然の美〟を愛する人が甘い顔を見せれば、この顔ぶれの術中にまんまとハマり、あとで途方もない苦労を背負うことに。毅然とした態度で早めの対処が吉。

アサガオの見分け方は、花色のほか、萼片の形や毛の有無を見るとよい。

アサガオ（園芸種）

マルバアメリカアサガオ

ノアサガオ‘オーシャン・ブルー’

第4章
だまされにくい!?
うまい雑草

荒れ地の帝王の豊かな恵みは、品格ただよう優しい味わい

クズ 多年草

Pueraria lobata subsp. *lobata*

利用：ツル先、花穂、塊根

収穫：ツル先（春〜夏）、花（夏〜秋）、塊根（初冬）

分布：北海道〜九州

居所：道ばた、荒れ地、草地、雑木林

特徴

❶巨大な葉（小葉が3枚ワンセット）が道ばたでよく目立つ。

❷花は濃厚なワイン・レッド。

強靭で壮大な有用植物

ツル先は天ぷら、お浸し、和え物、炒め物などなんにでも。花やつぼみは天ぷら、酢の物など色香を活かして。

クズはどこにでもいて、見つけやすく、とても美味しい。この利用法を知っておくと、野遊びはますます豊かで楽しくなる。

クズの特徴は、大きなウチワみたいな葉を3枚セットで生やすところ。これが荒れ地はもちろん、家屋や鉄塔までをも覆いつくし、呑み込む姿がとてもよく目立つ。

その生命力はとてつもなく、半年の間に伸ばすことができるツルの長さは1・4㎞を超えるようだ（伊藤操子、2020年）。

ひと株の植物を計測して「キロ単位」を使うような種族はまずない。この生命力がもたらす〝恵み〟も素晴らしく、高級な吉野葛や生薬・葛根湯の原料となる根（貯蔵根）も、ずっしり。丸太のようにまるまると太ったものが5〜7mに達することもある。この収穫は困難を極めるが、美味しいツル先と花穂はだれでも手軽に楽しむことができる。

艶やかな香り。濃厚なマメの味

クズのツル先は、美味しいマメの味がして、食感も楽しい。どんな料理法にも馴染んでくれる人気の食材である。

収穫シーズンは晩春から夏にかけて。ツルをたくさん伸ばしてくる時期で、しかもちょうど収穫しやすい草丈である。この先端部には関節があって、これをポキッと折る。感触があまりにも楽しくて、またポキポキ。

これをよく洗い、天ぷらも素晴らしいが、塩茹でしてお浸しにしても美味。

晩夏に咲く花は天ぷらで。甘い芳香と花蜜に満ちている。しかし開花すると小さな虫たちの宴会場となり、奥まで潜り込んでいる。虫取りに手間をかけたくないなら、つぼみを狙うとよい。食感と食べやすさはつぼみの方が優れている。

野のクレソン。風味は別格

うまい

オランダガラシ（クレソン）　多年草

Nasturtium officinale

利用：茎、葉

収穫：ほぼ通年

分布：詳細不明（ユーラシア原産）

居所：小川、用水路、湿地などの水辺

特徴

●水辺で大きく茂り、白い小花がよく目立つ。

採りきれないほど殖える野菜

サラダ、お浸し、和え物、炒め物のほかさまざまな料理の副菜として。野菜感覚で使い倒せる。収穫もほぼ一年中可能。

オランダガラシは、おもに身近なスーパーで入手できるが、散歩の途中でも収穫できる。野生の食感と風味は素晴らしく、心地よい歯ごたえと噛むほどに広がる上等で濃厚な味は、まさに〝本物の風格〟。

ちょっとした小川、用水路などで元気よく野生化している。農業的には水路を塞ぐ迷惑雑草なので、根からずぼっと収穫しても怒られない。家に持ち帰ったらしばらく水に浸し、葉がピンとしたら茎葉の綺麗な部分だけを選んで残す（少しでも黄ばんだり痛んだ葉はマズイので取り除く）。

下ごしらえはしっかりと。水辺のものは微生物、寄生虫のタマゴが付着している恐れがある（近年、患者が増えている）。丁寧な水洗いと加熱調理が欠かせない。

サラダ、お浸し、炒め物など、バリエーションも豊富。採取は水が綺麗な場所で。

うまい

ツルナ　多年草

Tetragonia tetragonoides

利用：茎、葉
収穫：ほぼ通年
分布：全国
居所：海浜地帯の砂浜や市街地など

特徴

●葉は三角状で、ぶ厚い多肉質。全草がシルバーがかった優しい緑色で、茎葉にキラキラした粒がある。

栽培もされる美味しい野草

サラダ、お浸し、和え物、炒め物などに。シュウ酸を多めに含むため、「湯通し」して「しっかり水にさらす」とよい。大量に食べられるものでもないが、過食は避けた方がよい。

キラキラ輝く浜辺のお野菜

ツルナはおもに農産物売り場で入手でき、パック詰めにされたお値段はなかなか。栽培され、野菜としても扱われるが、野生するものもたくさん。

海浜地帯ではわんさかと茂っており、市街地の道ばたでもコンクリの割れ目から元気よく茎葉を伸ばす。内陸でも栽培でき、庭やプランターにタネをまいても元気よく育つ（タネも市販される）。

特徴は「肉厚の葉っぱ」。フォルムは三角状で、表面にはキラキラした粒が散らばっている。とても分かりやすい姿である。

おもしろいことに、そのまま食べても塩味があり、十分美味しい。

これをさっと湯通しして、お浸し、和え物の一品料理に。風味はクセのないホウレンソウ。おのずと炒め料理によく合い、野菜炒めや肉炒めにと手軽に楽しめるが、過食は避ける。

うまい

芳醇な風味がたまらない

ナンテンハギ 多年草

Vicia unijuga

利用：茎、葉、花

収穫：ほぼ通年

分布：北海道〜九州

居所：耕作地周辺、土手、草地、ヤブ

特徴

❶葉（小葉）は先がとがった卵形で、2枚がワンセットになって茎につく。

❷花は紅紫色。花期が6-11月と長い。

各地で販売される美味な野草

春〜晩春のやわらかな地上部は天ぷら、炒め物、お浸しで。つぼみと花はさっとゆがいて、料理の飾りつけに。

〝あずき菜〟の名でご存じの方もあるだろう、各地で広く流通する大人気の野草。標準和名はナンテンハギという。

草むら、土手、耕作地の周辺など、意外と身近で見つかるもので、たまに群落をこさえている。4〜6月の、やわらかな地上部が極めて美味。天ぷら、お浸しは、噛むほどに奥深いウマ味がふくらみ、もうたまらない。

さて、宮城県仙台市の名物にずんだ餅がある。これがはなはだ苦手だったが、あるとき、地元のご婦人がふるまってくれたものを、ものすっごくイヤイヤ食べたら——ウマ味甘味の爆弾であった。

聞けば「すりおろしたあずき菜をずんだに混ぜています。家庭ではお馴染みの味」という。料理の妙味、しかと味わった次第。

ウソか真か、みなさんの味覚でもってご検証あれかし。

果菜のような爽やかさ

ワレモコウ　多年草

Sanguisorba officinalis

利用：やわらかな葉、花
収穫：春〜初夏（葉）、夏〜秋（花穂）
分布：北海道〜九州
居所：平野から山地の道ばた、草地

特徴

❶葉（小葉）は楕円形。縁にはフリルみたいな鋸歯が並ぶ。
❷花は暗紅色。小さな花が密集する花穂のフォルムは豆電球のよう。

涼やかなスイカ風の味わいが

サラダ、お浸し、和え物、炒め物などに。やわらかな葉を選んで収穫すると、ほのかにスイカの味がしておもしろい。

クラフト用の花材で人気があるワレモコウは、食材としての評価も高い。しばしば草刈りが行われる草地や土手など、ナンテンハギと同じような場所に好んで住みつく。うまくすればどちらもいっぺんに収穫できる。

ワレモコウは、葉の姿、花のフォルムが極めて個性的。ひとたび覚えたら忘れるのが困難なほどだ。ごちゃっと茂る草むらにあっても、見つけるのはたやすい。

もっとも美味しいのは上図上の時期。さながら貝が閉じたように葉を折りたたんでいる若葉のころだ。風味がよく、口当たりもやわらかで、どんな調理法にも合う。

葉が開いても、手触りが柔和であれば十分に美味しい。夏に開花する花穂も食用可。小花を指先でバラし、サラダやデザートにトッピングすれば目にも鮮やか。

うまい

ヒマワリのイモを食べる

キクイモ 多年草

Helianthus tuberosus

利用：イモ

収穫：秋〜冬

分布：北海道〜九州（北アメリカ原産）

居所：草地、ヤブ、雑木林、土手など

特徴

1. 草丈は 1 〜 2m になる大型の植物。
2. 茎の下部の葉は「対」になってつき、上部の葉は「互い違い」につく。

イモを楽しむ野生のヒマワリ

天ぷら、揚げ物、キンピラ、炒め物などに。ジャガイモやヤーコンと同じレシピで楽しめる。ただ野生種の場合、イモが小さなものやイモがつかないタイプもある。

ときおりブームを巻き起こす植物である。

キクイモは、キクの仲間には珍しく、地下にイモのような塊茎をこさえる。「健康にとてもよい野菜」として農産物売り場にズラリと鎮座するが、道ばたには遥かに多くのキクイモたちが腰を据えている。

本種はヒマワリの仲間とされ、花を見れば「そこはかとなく、ヒマワリ的な雰囲気が」と思え——なくもない。

イモの収穫は地上部が枯れてから。つまりよく目立つ開花期に、その場所と葉姿を見ておかないと分からなくなる。そして道ばたや荒れ地でイモを掘るにはシャベルが必要で、いくらか苦労する。穴はやや大きめに掘り、想像以上に小さなイモをたくさん掘り上げる。調理例は上図のとおり。

このイモ、プランターや菜園に植えると大きく太るので、栽培を楽しむのもよい。

うまい

収穫は豪快、風味は優雅

イタドリ　多年草

Fallopia japonica var. *japonica*

利用：茎、葉

収穫：春〜晩春

分布：全国

居所：草地、荒れ地、河原、土手など

特徴

❶春に「細長いタケノコ」みたいな紅色の茎を天高く立ち上げる。

❷開花は夏から秋にかけて。花色はクリーム系から淡いヒスイ色。とても美しい。

ほのかに甘いタケノコ風味

春の若い茎は煮物、炒め物、椀物の具などに。やわらかな葉は天ぷらで。シュウ酸を多く含むので過食は避ける。

ヨーロッパの庭園では日本のイタドリが愛される。迫力に満ちた株立ちと、粉雪が舞うような華やぎに満ちた花姿が人の心を魅了する。イタドリはヨーロッパの環境がすこぶる気に入ったようで、たちまち野生化。いまや巨額を投じて駆除される。

日本で暴れることはなく、しかし野辺では支配者のように威風堂々。よく目立ち、似たものがあまりない。

この若い茎がとても美味しい。春に伸ばした太い茎を豪快にボキッと手折り、塩茹でしてから皮をむき、しばし水にさらす。これを食べやすい大きさに切り、和え物、炒め物、椀物の具とする。食感はタケノコ。味わいも甘くて美味しいタケノコ。

この美味しい茎、なぜか市街地周辺のものは細めで、里山ではぶっとく巨大化する。小旅行のついでに収穫を楽しんでみたい。

うまい

うりふたつ。だけど違う…けれどどっちも美味しい

アオミズ 1年草

Pilea pumila

利用：地上部

収穫：晩春～夏

分布：北海道～九州

居所：湿り気のある道ばた、草地など

特徴

❶葉には曲線的で美しい葉脈がくっきりと浮かぶ。

❷葉の先端部が「長く尾状に伸びる」。

❸花は葉のつけ根に段々につき、細かく枝分かれして広がる。

手軽で美味しく見つけやすい

サラダ、お浸し、漬け物、和え物、炒め物などに。ナマで利用する場合は衛生上、水洗いを丁寧に。

ミズの仲間は、散歩の道ばたでよく目立ち、初学者でも見つけやすい。使い勝手もよく、その爽やかでユニークな香味はあなたの料理のアイデアをきっと楽しくふくらませてくれるはず。

アオミズは、やや湿り気のある道ばたに多い。ヤブのまわり、木立ちの下などの半日陰を好み、こうした環境で育ったものがとても美味しい。優しいミツバの香気を宿すのである。

草丈は30cmほどと小柄で、これがわしゃわしゃと群れるのでよく目立つ。葉はギザギザで、表面はテカテカ。茎は透明なヒスイ色。どこから見てもミズミズしい。

ド派手な特徴はないものの、なぜか覚えやすい種族で、初学者でもすぐに見つけられる。アクやクセがなく、むしろ噛むほどに奥深い香味が増してくるのである。

うまい

ミズ　１年草

Pilea hamaoi

利用：地上部

収穫：晩春〜夏

分布：北海道〜九州

居所：湿り気のある道ばた、草地、雑木林など

特徴

❶葉の葉脈はアオミズと同じ。

❷葉の先端部は「尾状に伸びない」。

❸花は葉のつけ根にまとまってつき、アオミズのように細かい枝分かれはない。

こちらも同じく万能食材

アオミズと同様。

お浸しと浅漬けがたまらない

よく目立つのは初夏から秋。若い茎先を摘んでゆく。茎もやわらかくて食べられるので、地上部をまるっと刈り取ってもよい。

さっと塩茹でして水にさらし、カツオ節を盛って醤油をたらす。あるいは辛子マヨネーズ、ワサビマヨネーズなどと合わせて前菜風に。なかなかおもしろい味わいがあるので、浅漬けなどの漬け物にしても大変美味しい。身近に多く、下ごしらえも簡単に済み、工夫次第で多彩な料理に合うので熟練者も愛用する。

そっくりなものにミズがある。アオミズとまったく同じ要領で楽しめるので、見分けなくてもよい。もしも「ここにはどちらが多くて、なぜそうなんだろう」という妄想をぷくっとふくらませてみたら、自然世界の味わいもぐっと深まるかもしれない。

うまい

食事に最適な〝野の菜〟は知るほどにウマ味が増す

シロザ　1年草

Chenopodium album var. *album*

利用：茎葉、花穂（つぼみ）、結実
収穫：春〜夏（葉、花穂）、秋（結実）
分布：全国
居所：宅地周辺、耕作地、荒れ地など

特徴

❶葉の表面に「白〜淡い桃色」のお化粧がある。
❷葉の縁は不規則に波うつ。
❸花穂はぽこぽこしたものがたくさん密集する。

熟練者ほど大切に思う優良食材

葉と花穂は天ぷら、和え物、炒め物、焼き物、汁の実などに。結実も「とんぶり」風に。

食べるものに困ったら、フィールドワーカーが真っ先に収穫する野草はシロザの仲間かもしれない。

食べやすく、美味しく、腹持ちがよいほか、たんぱく源、ミネラル源になる。強壮、健胃に優れた薬草でもあるからだ。

現代では迷惑雑草として駆除されるが、かつては畑で栽培された種族もいる（※そのひとつがタカサゴムラサキアカザと考えられており、現代でも栽培されている）。

これから紹介する種族はどれも大都市の道ばたから里山の草地に広く分布する。葉の形が独特で、葉の表面に〝白〟や〝紅〟の粉化粧をするのでとても分かりやすい。こぼれダネで殖えるので、たいてい群れになっている。つまり収穫も楽で、大株に育つため収穫量も多め。なにかと気が利いているが、「下ごしらえ」で、結果がまるで違ってくる。

ホコガタアカザ。全国の沿岸部や河川敷などに分布。ヨーロッパ原産。葉の形が矛先（どちらかというと盾）に似るので分かりやすい。お化粧は「白」

コアカザ。北海道から九州にかけて、道ばた、庭、耕作地などに分布。ユーラシア原産。葉が小さめで細長く、葉のお化粧は「白」。たんぱく質に富むタイプ

アカザ。全国の道ばたや荒れ地に分布。葉の表面に「濃厚な紅色」のお化粧。味わいはこちらの方が深めに感じられる

「ひと手間」で、うまさ倍増

シロザとアカザは野草料理本で有名だが、経験者の多くが「美味しくない」と眉をひそめる。そんな方々が「やだ、美味しい！」となる単純な秘訣が確かにある。

収穫するとすぐに萎びるので、まずは水を張ったボウルにピンとなるまで浸けておく。それから「丁寧な水洗い」を。葉についている白や紅の粉化粧を、指先で軽くこするように洗う。水が見る間に濁ってきたらうまくいっている証拠。それから塩茹でにかかり、しっかり水にさらす。これで「まるで別物」に。天ぷら、和え物、炒め物など、なんにでも。風味は優しいホウレンソウ。お味噌汁の具にしても最高。

畑地や道ばたには小型のコアカザがおり、特にたんぱく質が豊富。海辺や河川敷ではホコガタアカザも見つかるが、これもまた美味なのだ。

うまい

可憐さと美味で癒やす、万能食材ユキノシタの魅惑

ユキノシタ　多年草

Saxifraga stolonifera

利用：葉、花

収穫：ほぼ通年

分布：本州〜九州

居所：宅地周辺、雑木林、渓流や山林の岩場など

特徴

❶花には「紅色」のスポット模様がある。

❷葉色は渋くて深い緑色。その表面に「赤紫色」の斑紋を浮かべることが多い。

天ぷらと和え物が絶品

天ぷら、和え物、炒め物、焼き物、汁の実などに。

ユキノシタは初学者でも見つけやすく、覚えやすい野草のひとつで、野草をはじめて食べる方に最適。日本料理店でも高級陶磁器に鎮座するほど美味しい食材である。

クセはなく、食感は優しく、言葉にならぬ芳醇な香味が食欲をそそる。もうちょっと味わいたいのに、料理店ではたいていひとつしか出てこないのだ。やり場のない不満はぜひとも野辺で晴らしておきたい。

ユキノシタには美点がたくさんある。

生傷・湿疹・かぶれ・あかぎれ・腫れ物・痔疾は、日々の暮らしでお馴染みの難儀。これを緩和する妙薬として、むかしからとても尊重されてきた。使い方も簡単で、ナマの葉をよく揉んで患部につけるだけ。しっとりとして涼やかな感触が広がると、それまでイライラしていた気持ちすら静まってくる。

ハルユキノシタ　多年草

Saxifraga nipponica

利用：葉、花

収穫：ほぼ通年

分布：関東〜近畿

居所：宅地周辺、雑木林、渓流や山林の岩場

特徴

❶花は白地に「黄色」のスポット模様が浮かぶ。

❷葉色は明るい黄緑色。表面に赤紫の斑紋はない。

ガーデニングでも人気

庭を美しく彩る園芸用としても人気。利用方法はユキノシタと一緒。

一緒に暮らしたい常備菜

ユキノシタはちょっと変わった植物で、陽が当たらぬ、暗くてジメジメした場所を好む。道ばたのヤブのまわり、渓流沿いの木陰や岩場などにぺそっと張りつくように広がっている。

この葉を収穫したら、しっかり洗って天ぷらに。ころもは葉の裏面に軽くつけるだけでよい。するとユキノシタならではの食感と香味を人一倍楽しむことが叶う。

バリエーションとして、軽く塩茹でしてから和え物、酢の物、お浸し、炒め物に。どんな調理にも馴染むので、アイデア次第で応用範囲はどんどん広がる。

そっくりなハルユキノシタも、まったく同じ利用（食用・薬用）ができる。

普段から親しく付き合っておくと、いざというときなにかと助かる常備菜になる。

うまい

高級なユリ根もいろいろ！身近で楽しむ種族はこちら

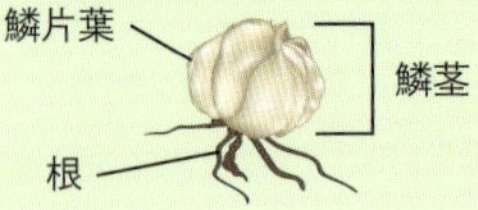

オニユリ 多年草

Lilium lancifolium

利用：鱗茎

収穫：秋

分布：栽培種（中国原産）

居所：宅地周辺、草地など

特徴

❶花はオレンジの地色に濃厚なスポット模様を浮かべる。

❷茎に黒っぽいムカゴをたくさんつける。

※コオニユリはムカゴをつけない

お馴染みの“ユリ根”です

天ぷら、茶碗蒸し、煮物、炒め物、汁の実などに。

〝ユリ根〟は高級食材としてお馴染みだけれど、実はいろいろな種族が使われる。

最高級と言われるのはヤマユリの鱗茎だが、本物は希少で楽しめる機会は滅多にない。お馴染みのユリ根として、おもにオニユリの鱗茎が使われている。カロリーが高めで滋養強壮にもよいとされ、原産地の中国では3世紀から現在まで抗うつ、抗不安、睡眠改善の生薬として珍重されてきた。ほくほくとした優しい食感も上品である。

植物にしてみれば球根を食べられてしまうと再起不能になる。ところが人に食わせ、魅了し、栽培を促すことで大繁栄を手にしたのがオニユリとコオニユリだ。

オニユリは古い時代に鱗茎が食用になるとして渡来した。以来、花の壮麗さと相まって人気を博し、里山はもちろん都心の住宅地でも栽培され、しばしば野良へと逃げ出す。

コオニユリ　多年草

Lilium leichtlinii form. *pseudotigrinum*

利用：鱗茎
収穫：秋
分布：北海道〜九州
居所：丘陵や山地の草地、湿地の周辺

特徴

●花は小さく茎にムカゴはつけない。

野生種は希少だが、栽培は簡単

オニユリと一緒。ただし、**野生のものは保護の対象となっていることが多く、採取は避ける。**球根として市販されている（食用種とあるものを選ぶ）。

ほくほくしてまろやかな甘さ

オニユリのユリ根の収穫は秋。地上部がすっかり枯れてから掘り上げる。

ユリ根の形状はウロコ状に折り重なっており、これを1枚ずつ丁寧にはがしてゆく。外側のものは苦味が強いので取り除く。

よく水洗いしたら水気を切り、食べやすい大きさにスライスして、天ぷら、素揚げでその美味を楽しみたい。茶碗蒸しの具にするなら、いったん塩茹でして水にさらしてから使う。ほくほくした口当たりとまろやかな甘味は至福。

よく似たコオニユリの鱗茎も食用になる。両者の違いは茎を見るとよい。

オニユリは葉のつけ根に黒いムカゴをつけ、これが落ちてよく殖える。鱗茎を犠牲にしても別の手段で殖える賢さだ。一方、コオニユリはムカゴをつけないので区別は簡単。

うまい

愛らしいソラマメの仲間なら初学者も安心、安定の美味

ヤハズエンドウ（カラスノエンドウ）　1年〜越年草

Vicia sativa subsp. *nigra*

利用：茎葉、花、マメ（未熟）

収穫：秋〜初夏

分布：本州〜沖縄

居所：宅地周辺、草地、荒れ地

特徴

1. 葉のつけ根にある托葉はチョウの蛹みたいなフォルム。ここに暗い赤紫色の斑紋がある。
2. 花はビビッドなピンク色。
3. マメは5〜10個ほど入る。

食べやすく下ごしらえも超簡単

茎葉は天ぷら、お浸し、和え物、炒め物などに。

ビビッドなピンク色をした、丸っこい花。ヤハズエンドウは、草むらでもよく目立ち、見分けやすくて覚えやすい、とても美味しい野草である。

身近な道ばたや草地に多く住んでおり、小さな楕円状の葉をお行儀よく並べて広げる姿が印象的。

このやわらかな茎葉にマメの風味を宿し、その味わいはソラマメともエンドウマメのそれとも。みなさんの味覚が果たしてどちらに傾くか、興味津々である。

これから紹介するものたちは同じグループで、ソラマメ属にまとめられる。実はクサフジの仲間（154〜157ページ）や、ナンテンハギ（216ページ）もソラマメ属である。

なかでもヤハズエンドウは利用できる部分が多いため、ひとたび知っておけば野遊びの楽しみが増す。

うまい

スズメノエンドウ

１年〜越年草

Vicia hirsuta

利用：茎葉、花

収穫：秋〜初夏

分布：本州〜沖縄

居所：宅地周辺、草地、荒れ地など

特徴

❶托葉は細長く伸び、深く切れ込む。斑紋はない。
❷花色は白く、極小。
❸マメは１〜２個ぽっちり。

ミニサイズだけど態度はデカい

全草が小型だが、道ばたで大群落になる。料理法はヤハズエンドウと一緒だが、後味にクセがあり、好き嫌いが分かれるところ。

悩んだら「花」を見てから

もっとも美味しいシーズンは開花前。この時期はナヨクサフジ（１５６ページ）とそっくりで悩ましい。味はヤハズエンドウの方が断然よいので、托葉をチェックして見分けたい。ヤハズエンドウなら托葉の上部に赤紫色の斑紋を浮かべている。

開花を待って収穫してもよい。ピンクの花も食用にでき、茎葉もやわらかな穂先を選べば失敗しない。天ぷら、お浸し、炒め物などが美味しい。ただしマメの利用には注意点があり、β-シアノアラニン（神経毒）などを含むため十分な加熱調理が必須。よく煮れば97〜99％が無毒化可能とする説もある(J.G.Tatake, C.Ressler,1999)。

身近にいるスズメノエンドウも食用にできるが、風味のよさはヤハズエンドウがダントツだ。

うまい

春の〃菜の花〃のナゾを解けば驚くその実態

アブラナ　越年草

Brassica rapa

利用：茎葉、花穂

収穫：春

分布：全国

居所：宅地周辺、道ばた、河川敷、荒れ地など

特徴

1. 葉の色は黄緑系で、葉裏も同じ。
2. 花びらは小ぶりで隙間が目立つ。萼片の開く角度は水平〜45度ほど。
3. 花穂のてっぺんまで開花していることが多い。

身体が目覚める春の香味

葉や花穂は天ぷら、お浸し、和え物、炒め物などに。食べすぎると胸やけするのでご用心。

　うららかな春の野に咲き誇る菜の花畑。サクラの花との競演は、息を呑むほど美しい春爛漫を描いてくれる。

　鮮やかな黄色いお花畑は道ばたのいたるところに出現するけれど、よく見ると、どれもちょっとずつ違っている。

　お馴染みなのはアブラナ。菜種油が採れるほか、茎葉、花穂が美味しいので、スーパーの野菜売り場でもよく売られている。

　そしてセイヨウアブラナは、菜種油をたくさん採るために導入された海外種。道ばたや河川敷で見事なお花畑となっているのは、ほとんどがセイヨウアブラナであると考えられ、常識化していた。

　ところが2022年、中山祐一郎氏らが河川敷のものを調べたところ、「おもにアブラナで、セイヨウアブラナは局所的で少数」と報告。われら研究仲間はみな仰天し、泡を食って野

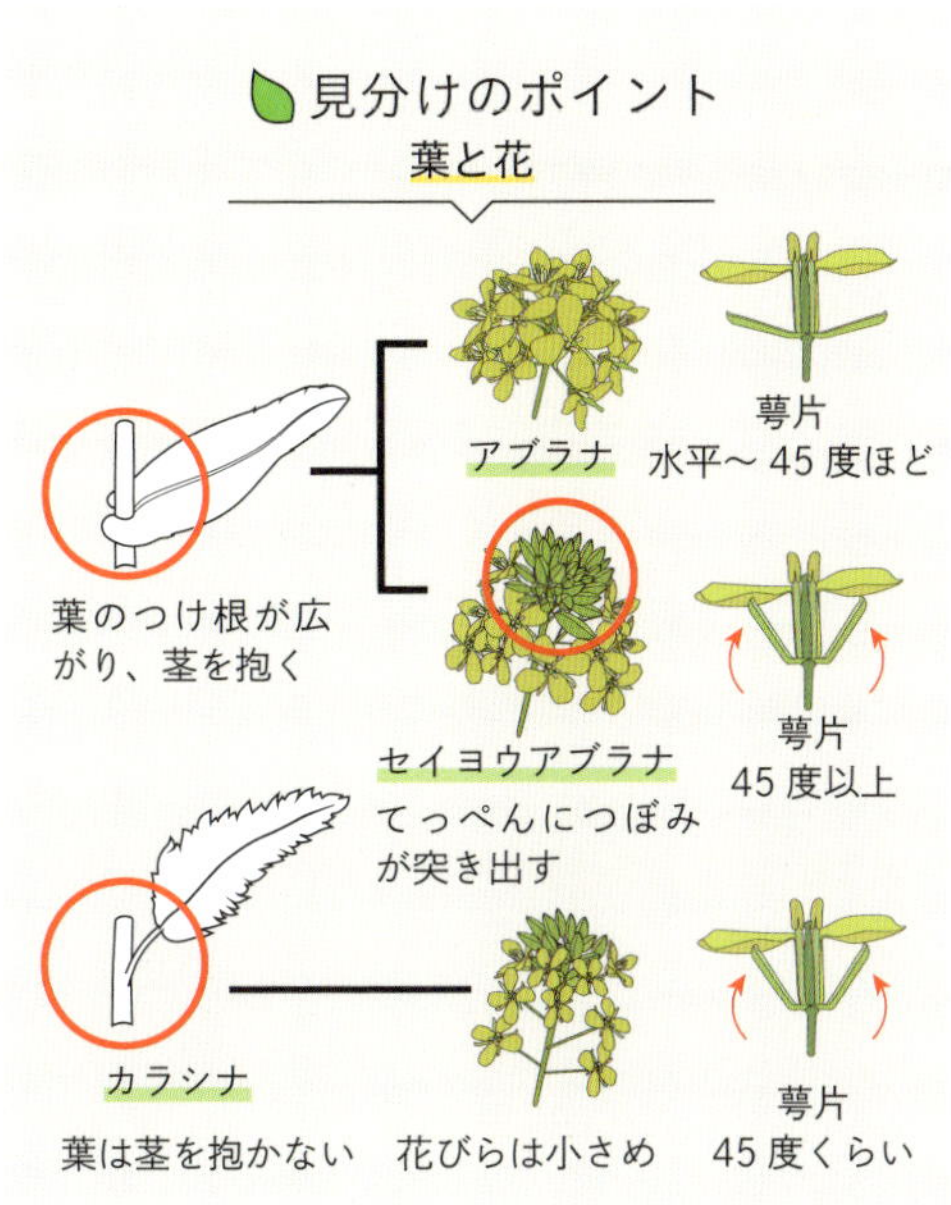

セイヨウアブラナ。花びらは大きめ

カラシナ。花びらは小ぶり

に飛び出した。本当にアブラナだらけで驚いた。見分け方の一例を上図でご案内しておく。どちらも美味しくいただけるが、セイヨウアブラナの方がずっと美味しい。

身近な「当たり前」にも驚きがいっぱい。

辛味が美味しく収穫期も長い

カラシナは、あらゆる場所で見られ、その数もひときわ多い。

名前のとおりピリッとした辛味が特徴で、花穂や茎葉が食用にされる。お浸しで楽しむ方も多いが、炒め物やパスタの具にしても非常に美味。

見た目はアブラナとよく似ているが、葉には柄があり（アブラナにはない）、葉の縁には荒っぽいギザギザがよく目立つ。真冬にも収穫できる美味しい食材であるが、食べすぎると胃がもたれるので要注意。

うまい

野原がはぐくむ野生レタス、お仲間たちも工夫次第で

アキノノゲシ 1年～越年草

Lactuca indica var. *indica*

利用：葉、つぼみ、花
収穫：初夏～秋
分布：全国
居所：宅地周辺、道ばた、草地、荒れ地

特徴

❶葉は大きく展開し、深い切れ込みがある（ただし、葉の形には変化が多い）。大きく茂るのでよく目立つ。
❷花は淡い黄色でタンポポ風。

日本産のレタスの仲間

天ぷら、サラダ、和え物、炒め物などに。

日本の豊かな道ばたは、畑のレタスと近縁にあるものまで育ててきた。アキノノゲシと呼ばれる。

見た目は驚くほど違うのだけれど、その風味は濃厚なリーフレタスとそっくり。ほろ苦さがあり、それがまたウマ味やアクセントになって、ほかの食材の持ち味を際立たせてくれる。たとえばサラダ、和え物、炒め物にはうってつけの素材。

とても大型に育ち、高さ1～2mくらいまで立ち上がるのでよく目立つ。葉も大きく、その数も多く、収穫しやすいのも魅力。草地にゆけばたくさんいるので採り放題。

葉の形には変化が多いものの、基本形は上図のとおり。茎葉を切ると白い乳液が出るのもよいサイン。この乳液、高い抗酸化作用や抗炎症作用、鎮静作用が期待されている。韓国では、この葉をキムチにして楽しむ。

ノゲシ。葉の縁にトゲがまばらにあるが、やわらかいものが多く痛くない。葉のつけ根はV字形にとがって茎の向こう側に突き出す

葉が切れ込まず細長く伸びるものもよくいて、ホソバアキノノゲシという。アキノノゲシと同じように利用できる

オニノゲシ。葉にはトゲが密集して、触ると痛い。葉のつけ根は茎のあたりでくるっとカールする

イカつい見た目と裏腹に

食べやすさを求め、苦味を軽減したいなら、収穫した葉を水を張ったボウルにしばらく浸ける。葉の切り口から出る乳液が苦味の一因で、これを水に浸けて減らすことができる。

やや風味は劣るが、身近にいるノゲシもよく食べられている。見た目はイカつく不愛想。葉もトゲトゲしているけれど、塩茹ですると気にならない。意外なほどクセがなく、肉野菜炒めなどの炒め料理向き。

ノゲシに似たオニノゲシは、鋭いトゲトゲで武装しており、なかなか痛い。やわらかな葉は食べることができ、気になる人はトゲをハサミで切り落として調理にかかる（トゲは茹でると気にならない）。ノゲシより食べやすく、和え物や炒め物に向く。どちらもベーコンや生ハムと相性抜群。

うまい

ツウ好みでクセになる、ちょいと変わった食材です

ベニバナボロギク 1年草

Crassocephalum crepidioides

利用：茎葉、つぼみ
収穫：早春〜秋
分布：本州〜沖縄
(熱帯アフリカ原産)
居所：道ばた、草地、荒れ地、ヤブなど

特徴

❶花の先端部はレンガ色〜紅色。
❷葉には「柄」があり、深い切れ込みが入る。

ひと味違った珍味です

天ぷら、和え物、炒め物などに。油分や発酵調味料との相性抜群。

普通、これを見て食欲をそそられる人などまずいない。相当いかがわしいお姿でありながら、これがなんと密やかな人気を誇る〝食材〟だったりする。

ベニバナボロギクは、そのやわらかな茎葉やつぼみに「ほろ苦い春菊風の味」があるのだけれど、春菊ほどのクセがなく、ずっと食べやすいからびっくりする。

道ばたや荒れ地で見かける中型種で、大きな葉をでろーんと伸ばし、やがて花穂を立ち上げれば、レンガ色したキセルみたいな花をたくさん咲かせる。

その住まいは点々と散らばり、ポツネンとひとり暮らしを楽しむものも多く、収穫量は少なめ。しかも毎年同じ場所に出てくるわけでもなく、欲しいときに「どこにもいない！」と困り果てる人も多い。

ダンドボロギク　１年草

Erechtites hieraciifolius

利用：茎葉、つぼみ
収穫：春～秋
分布：全国
（北アメリカ原産）
居所：道ばた、草地、荒れ地、ヤブなど

特徴

❶花の先端部はクリーム色。
❷葉には「柄」がなく、深い切れ込みもない。

姿ばかりか味も似る

利用法はベニバナボロギクと同様。

収穫できたあなたは幸運

おもな収穫シーズンは「開花前」。もし開花していても、やわらかな茎葉を選べば大丈夫。油との相性が抜群で、炒め物で手軽に楽しむ方が多い。独特な味を堪能するなら和え物がよいだろう。お浸しは、よほど美味しい株でないと、ちょっとキツいかもしれない。ほどよい野趣のクセを愛する「通好み」の野草だ。

ベニバナボロギクと似ているものの、花がクリーム色になるというタイプはダンドボロギクである。葉の姿がかなり違うので、慣れたら遠目でも区別がつく（ダンドボロギクの葉は深く切れ込むことがない）。こちらも同じ要領で食用にされるが、美味しさではベニバナボロギクに軍配が上がる。この両者は〝放浪種〟と呼ばれており、突然現れては消える習性をもつ「気まぐれ」な種族。

うまい

海ダイコンと山ダイコン、旅で楽しむ豊かな収穫祭

ハマダイコン 越年草

Raphanus sativus var. *raphanistroides*

利用：茎葉、花、未熟な結実

収穫：春〜初夏

分布：全国

居所：沿岸部、河川敷、道ばた、草地など

特徴

❶花色は淡い赤紫系から真っ白なものまで七変化する。

❷葉は深い切れ込みが入り、葉の先端部が頭でっかちに広がる。

育てても可愛くて美味しい

葉は天ぷら、和え物、炒め物などに。花と未熟果はそのまま料理に添えて。

ハマダイコンは、おもに沿岸地域でたくさん見ることができる美味しい野草。

内陸でもたまに見つかる。栽培を楽しむ人がいて、そこから逃げ出すことがある。ハマダイコンはそれほど人気があるのだ。

春のやわらかな葉は、畑のダイコンの葉と同じくらい香味があって美味しい。

未熟な結実も食べてみる価値がある。くびれたおマメみたいな姿をして、そのままかじると美味しいダイコンおろし味。おろしてないのになぜかこの味。刺激的で味わい豊かで、醤油とご飯が欲しくなる。

おもに地上部を愛用するもので、根は使わない。野生種の根は細くてひどく筋張ることが多い。庭や菜園で栽培すると、そこそこ太くなってくれるので、自分で試してみるのは楽しい仕事になる。タネが市販されるが、野辺でもたくさん採れる。

オオダイコンソウの葉の先端部は鋭くとがる（上図上）。花はダイコンソウとそっくりだが（上図下）、結実が「楕円形」になる

ダイコンソウの葉は先端部の「小葉」が大きく目立ち、葉の先はあまりとがらない（上図上）。花は黄色で中心部がこんもり盛り上がる（上図下）。結実は「球形」

とっても豊かなダイコン世界

沿岸部の草地や、河口付近の河川敷などでは、見渡す限りのお花畑になっている。毎年同じ場所に出てくるので、覚えておくとよい。

花を愛でるのも楽しい。色彩は七変化し、それぞれの株が個性的な装飾美を競い合う。鑑賞しながらの若菜摘みはとても楽しい。

若葉はしっかり洗い、軽く塩茹でに。それから冷水にさらして水気を切り、和え物や炒め物の具材に。使い勝手がとてもよい。

さて、丘陵や山地にゆけばダイコンソウたちがいる。葉の姿がダイコンと似ているのでその名があり、やはりやわらかな葉を食用とする。和え物、炒め物、煮物などで美味しく楽しめるほか、民間薬として全草が強壮、利尿、発汗目的に使われた。むかしは家庭の万能薬として重宝されたもの。

うまい

春の仙薬でデトックス！秋の実りで甘美に酔う

アケビ　ツル性木本

Akebia quinata

利用：ツル先、つぼみ・花、結実
収穫：春（つぼみ・花）、春〜初夏（ツル先）、秋（結実）
分布：本州〜九州
居所：道ばた、ヤブ、雑木林など

特徴

❶花（萼片）はクリームがかった淡いグレープ色。
❷小葉は「5 枚」。楕円形。

仙薬はキョーレツ、実の中身は甘美

つぼみと花は生食のほか料理の添え物に。ツル先はお浸し、和え物、炒め物に。結実の中身は生食。皮は肉を詰めて炒め料理などで。

アケビは、秋に実る結実がスーパーに並ぶほど人気がある。

結実の中にある種子はゼリー状の物質で覆われるが、これが味覚と心まで蕩かすほど甘くて美味しい。

春に咲く花も、とても高貴な香りにつつまれ、生食するとフローラルな香りと甘味に満ちている。つぼみもまた奥深い味と香りがあり、歯ざわりも心地よくて楽しい。

一方、むかしから〝仙人の薬〟として有名なのはツルの先っぽ。お浸しで食べれば個性的な香気と強い苦味にだれもが圧倒される。醤油に和辛子を溶かし、そっとつけて賞味すれば、なるほど仙薬の味っぽい。

どうやら冬の間に身体に溜まった不要物を、景気よく排出するのを助けてくれるようだ。利尿作用がズバ抜けるため、食べすぎにはご注意を。

ゴヨウアケビの花(萼片)。色はアケビとミツバアケビの中間

ミツバアケビの花(萼片)。濃厚で暗めの赤紫色

ゴヨウアケビの小葉は「5枚」。小葉の縁がほのかに波うつ

※アケビとゴヨウアケビの自然交雑種で、形や色に変化が多い

ミツバアケビの小葉は「3枚」。小葉の縁が波うつ

野のアケビは争奪戦

アケビとその仲間たちは、道ばたのヤブや雑木林にたくさんいる。春から夏にツルを盛んに伸ばすので、ツル先の仙薬は好きなだけ味わうことができる。食感を損なわない程度に塩茹でし、水にさらし、水気を切ったら辛子醤油で。お酒のお供にもぴったり。

秋に実るアケビは、人間と生き物たちとの争奪戦。市街地だと結実数は少なく、里山や山地では鈴なりであったりする。ぶ厚い皮も、肉詰め料理などで美味しくいただけるし、スーパーでは皮の部分だけを売っている。これも結構ほろ苦いが、後味がよく、大人の肥えた舌を楽しませてくれる。

アケビにも種類があり、おもに食用・薬用で活躍するのはアケビとミツバアケビ。ゴヨウアケビはそれらの代用品として。

カタバミの愛し方

身近ではたくさんのカタバミたちが愛嬌を振りまいている。ハート形の葉や、小さなラッパみたいな花が愛らしく、いつもご機嫌な様子で咲き誇る。

カタバミも食用とされるが、「花と葉を料理やデザートの飾りつけに……」。それくらいがちょうどよいと思う。

カタバミ

シュウ酸を非常に多く含むため、多くの生き物たちが食べるのを避けて通る。シュウ酸は、神経系や心筋細胞たちにとって不可欠なカルシウム・イオンを片っ端から奪い取り、さまざまな問題を起こす。少量であれば、健全な人は解毒できる。日本でおもに食用とされてきたものに、左図左側の3種のほかミヤマカタバミ（山地性）がある。

広く食用とされてきた種族

カタバミ

ムラサキカタバミ

イモカタバミ

利用されない種族の一例（日本では一般に使われることがない種族）

アカカタバミ

オオキバナカタバミ

フヨウカタバミ

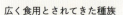

第5章

野山が秘める グルメ山菜

最高級の和食食材

カタクリ 多年草

Erythronium japonicum

利用：茎葉、花（、鱗茎）

収穫：春

分布：北海道〜四国

居所：林内、丘陵、山地など

特徴

●葉はしっとりツヤツヤで、表面に白と紫色の斑点模様を浮かべる。

最高に贅沢な早春の佳品

葉と花はサラダ、お浸し、和え物、炒め物に。地下の鱗茎は高級カタクリ粉の原材料となる。**野生のものは保護の対象となっていることが多く、採取は避けたい。**

春にカタクリを楽しめる人は幸いである。この茎葉、とんでもなく美味しい。

平野部なら3〜4月、山地なら4〜5月に葉を伸ばし、花を咲かせる。葉は特徴的なまだら模様を浮かべ、花が咲けばその華やかさに目と心を奪われ、見逃すこともない。

この時期、茎葉、花を収穫する。丁寧に洗ったら、ひとつまみの塩で軽く茹で、水にさらす。シンプルにお浸し、和え物にすると、もはや箸が止まらない。良好な歯切れ、優しいふくらみのある甘味が最高。

丘陵や山地のハイキングコースなどにたくさん生えているけれど、そうした場所は保護区に指定され、採取はできない。たまに平野部でも林内などで見つかるが、これも所有地だったりする。栽培されたものが買えるので、まずはお取り寄せで楽しまれることをオススメしたい。まさに春の佳品。

日本人が熱愛する山菜

ツリガネニンジン　多年草

Adenophora triphylla var. *japonica*

利用：若い茎葉、つぼみ、花（、根）
収穫：春～初夏（茎葉）、秋（花）
分布：北海道～九州
居所：土手、草地、林内、丘陵や山地

特徴

❶花は小さな釣り鐘形で淡い空色。晩夏から秋にかけて咲く。
❷葉の時期は、ギザギザして先がとがった葉が茎を取り巻くようにつく。ただし葉の形とつき方には変化が多い。

初学者にも大人気のうまいもの

若い茎葉は天ぷら、お浸し、和え物、炒め物で。つぼみと花は、サラダ、カナッペ、マリネなどに愛らしく添えて。根も漬け物にできるが個体数保護のため残しておきたい。

「山でうまいはオケラにトトキ」。これは信州の里の唄の一節で、このあとに「嫁に食わすも惜しゅうござる」と続く。

トトキというのが、ここでご紹介するツリガネニンジンだと言われてきた（別の地域ではツルニンジン〈244ページ〉を指す可能性も）。

春の新芽を見つけたら、茎から折って摘む。ベタつく乳液が出るが、無害。しっかり洗って水気を切ったら天ぷらに。オススメはお浸し。ひとつまみの塩で軽く茹で、水にさらし、水気を絞る。食べやすいサイズに切ったら、醤油にちょんとつけて。なんとも言えない、噛むほどに豊かな香味が広がり、とっても幸せ。お浸しをそのまま椀物の具にしても最高に美味しい。

開花期の秋が見つけやすく、場所を覚えておくとよい。愛嬌たっぷりの花とつぼみも美味しく、料理の彩りにも最適である。

うまい

ディナーに最高の薬膳食材

ツルニンジン 多年草

Codonopsis lanceolata var. *lanceolata*

利用：ツル、葉（、根茎）

収穫：春〜秋

分布：北海道〜九州

居所：林縁、丘陵、山地など

特徴

❶葉は４枚ワンセットになって茎につく。葉面に目立つ毛はほぼない。

❷花はでっかい釣り鐘形。

美味しい薬膳に、晩酌のお供に

茎と葉は、キムチ、ナムル、ビビンバに最適。天ぷら、お浸し、和え物、炒め物にも。根が珍重されるが保護のため採取は控えたい。ひとたび絶えると復活は困難。

その香味、ほかの食材では決して味わうことが叶わぬ美味。食べた瞬間、漢方薬みたいな味が広がるも、美味しいニンニク料理にも似た複雑な香味が踊りだし、もっともっとと食欲が止まらない。これがツルニンジンである。

韓国では盛んに使われ、キムチやナムルにすると最高。おもに栽培品の根が使われるけれど、ツルと葉も非常に美味しい。

夏、存分に育ったツルと葉を摘み、しっかり洗って軽く塩茹で。水にさらして水気を切ったら、手軽にお浸しや和え物で。ナムル、ビビンバの具材と一緒にコチュジャンなどで仕上げても美味しい。油との相性がよいので、中華料理にもぴったり。

薬草としても有名で、滋養強壮や肝臓保護作用が研究されてきた。お酒のつまみで薬膳を楽しんでもよいだろう。とても繊細な生き物なので、採取はごく控え目に。

うまい

手軽な「葉わさび」で幸せに

ワサビ　多年草

Eutrema japonicum

利用：若い葉（、根茎）
収穫：春〜初夏
分布：北海道〜九州
居所：丘陵や山地の沢沿い、水辺など

特徴

❶葉はハート形に近く、表面のシワシワがよく目立つ。
❷花は白い小花をたくさん咲かせる。

自分で見つけて食べると絶品

春に採取した葉を「葉わさび」に。お浸し、和え物でも。野生種の根茎は「青臭い泥の味」に満ちていることが多く、オススメしかねる。

野生のワサビは結構見かける。有名なハイキングコースでも、水汲み場や小川のまわりでぽこぽこ生えている。

丸っこい葉の形と、葉の表面のシワシワ模様が目印になる。お馴染みのワサビの根茎は、野生種であると細くて小さなものが多く、あまり目立たない。

野でワサビを見つけたら、根茎などには目もくれず、やわらかな葉を摘みたい。

しっかり洗って、食べやすいサイズに刻んだら、ザルに入れて熱湯を浴びせる。ほんのひと呼吸置いてから、手早く冷水でよく冷ます。水気をしっかり切り、だし汁など（お好みで）を入れた密封容器に移したら、６時間くらい冷蔵庫で寝かせてあげる。これで美味しい葉わさびのできあがり。

ワサビの辛味は加熱するほど消えるので、さっと仕上げるのがポイント。

うまい

この女王の一撃は暴虐的、その風雅な味は魅惑的

イラクサ 多年草

Urtica thunbergiana

利用：新芽、葉、茎

収穫：春〜初夏

分布：本州〜九州

居所：林縁、水辺、丘陵、山地

特徴

1. 葉は対になってつき、葉の縁が荒々しくギザギザ。
2. 茎と葉の裏側にやわらかいトゲが並ぶ。
3. 花穂は細長く伸び、茎のてっぺんや葉のつけ根からたくさん出す。

ちょっと贅沢で小粋な香味

葉は天ぷら、お浸し、和え物で。炒め物、パスタの具、スープにもよく合う。

うっかり触ると激痛にうめく。

これから紹介するイラクサの仲間には、どれも茎と葉にトゲがある。ふにゃふにゃしてやわらかいのだけれど、なぜか見事に突き刺さる。この痛みがちょっとユニークで、電撃的な痛みとズキズキが10分ほど続く。すーっと消えたかと思えば、またズキン！　これが数時間くらい続くからたまらない。個人的な経験ではカキドオシの葉（166〜167ページ）を揉んでつけたら痛みが引き、再燃することもなかった。

こうなると「毒草」とも言えるが、この茎葉、驚くほど芳ばしくて美味しいのだ。

広い地域で見られるのは上図のイラクサ。山のすそ野から山中に多く、環境が豊かな地域ならば宅地の林縁や斜面などにも生えている。川沿いやジメジメした場所を目安に探すと群落が出現する。

ミヤマイラクサ

エゾイラクサ

ムカゴイラクサ

収穫と下ごしらえの〝用心〟

上図左側の3種は、どれも痛いトゲをもち、そしてすべてが美味しい。収穫するなら革手袋を着用してから。

葉を丁寧に摘んだら、トゲに気をつけて水洗いし（こすり洗いを避けるなら、流水にさらしながら洗ってもよい）、まずは天ぷらで。これが香味抜群でたまらない。味見を始めたら最後、なくなるまで止まらない。または塩茹でから水にさらし、お浸し、和え物に。マヨネーズと和えても食欲が暴発する。

有毒なトゲは、揚げたり茹でたりするとまるで気にならず、口の中が痛くなることもない。

ミヤマイラクサは、多くの地域でアイコと呼ばれ、「山菜の女王」として人気が高く、販売もされる。北海道から九州の山中では、湿った林縁や水辺にたくさんいる。

うまい

野趣たっぷりの贅沢品

ウド　多年草

Aralia cordata

利用：新芽、若葉など
収穫：春〜初夏
分布：北海道〜九州
居所：平野〜山地の林縁など

特徴

1. 太い茎には目立つ毛が密生する。
2. 葉は５〜７個の小葉に分かれ、２回羽状複葉となる。これが茎に交互につく。
3. 花穂はボール状になりたくさん咲く。

爽快な歯ざわりと鮮やかな野趣

３〜４月の春の新芽の茎（内側）は酢味噌和えやマヨネーズ和えで。外側はキンピラなどの炒め物で。葉がついている穂先は天ぷらに。

山菜好きにはたまらない逸品、ウド。独特のほろ苦さとエグ味が「ウマ味」となって、春の喜びを食卓で満喫できる。とりわけ野生のウドは、その香味が抜群で、ひとたび食べたら決して忘れぬ鮮烈な味わいである。

早春の新芽を見つけたら、土の中にある白い部分からサックリと切り取る。よく水洗いしたら、茎の部分と新芽（葉）がついた穂先部分に切り分ける。水を満たしたボウルに酢をたらしたら、それらを入れて10分くらい待つ。それから上記のような調理法で贅沢に賞味してみたい。

ウドは畑でもよく栽培されるが、野生のものはヤマウドとも呼ばれ、山菜名人はそちらを好む。風味絶品のヤマウドを探す場合は、地元の山菜名人に聞くのが早い。よく似た別種が多く、新芽で見分けるのは熟練者でないと困難である。

うまい

夏の爽やかな暑気払い

株元

ウワバミソウ　多年草

Elatostema involucratum

利用：茎、葉
収穫：晩春〜初夏
分布：北海道〜九州
居所：林内の道ばた、水辺など

特徴

❶全草がツヤツヤし、ギザギザした葉の形はちょっと歪んだ左右非対称になる。
❷夏に団子状の白い花を咲かせる。

「夏のうまい山菜」と言えばこれ

やわらかな茎はお浸し、和え物、漬け物で。好みのだし汁に浸けて冷蔵庫で５時間ほど寝かせると非常に美味しくなる。葉はやや苦味をもつが、好んで食べる地域では天ぷら、和え物、炒め物に使う。

ウワバミソウは、一般にミズ、あるいはミズナと呼ばれる山菜で、非常に美味しく市販もされる。各地の山野に自生地がたくさんあって、採りきれないほどわしゃわしゃと生えている。

収穫は初夏。株元の土を少しばかり掘って、茎の色が紅くなった部分から切り取る（根を傷つけないように気をつけたい）。

しっかり水洗いしながら、茎から葉を取り除く（葉は少し苦味がある。使うかどうかはお好み次第）。茎のやわらかな部分だけを残して軽く塩茹でに。色が鮮やかになったら引き上げ、冷水にさらす。

食べやすいサイズに切り、お浸し、和え物、浅漬けにすれば、みずみずしい歯ごたえ、ほのかなヌメり、優しい野趣を存分に楽しむことが叶う。夏の一品には最高。

毎年、同じ場所に出る。適度に収穫しつつ大事に保護する意識も育ててみたい。

うまい

早春の腕試しと運試し

アマナ 多年草

Tulipa edulis

利用：鱗茎、葉
収穫：春
分布：本州〜九州
居所：土手、草地、林内など

特徴

❶葉は２枚だけ。細長く伸びる。
❷花は白地に紅色のストライプが入る。

とってもレアな春の甘味

葉は塩茹でしてからお浸し、和え物に。素朴な春の味を楽しむ。鱗茎は茹でたらそのまま味噌やマヨネーズをつけて食べる。希少種ではあるが、強運な人は大群落を見つけるだろう。控え目な味見に留め、大事に噛みしめたい。

アマナは日本に野生するチューリップの仲間。地下に潜っている鱗茎と、地上に細長く伸ばした葉が甘くて美味しい。

日本の野原では、ほかにもいくつかの野生チューリップが咲いているが、すべて希少種。アマナは比較的広い地域で見られる種族で、生息地では大群落になる。

チューリップの仲間とはいえ、林の中で満開になっていても、多くの人はまるで気がつかない。草丈が小さく、花も繊細なので、景色にすっかり溶け込んでしまう。

とても希少な春の珍味で、普通は食べることができない。ただ、なんてことのない林の中で、ごくたまに、たくさん生えている場合がある。鱗茎はそのままにして、葉だけをこっちで1枚、あっちから1枚と、味見程度に収穫してみる。それができた人は極めて強運。きっと自然界から愛されているのだろう。

召しませ甘美なイチゴたち

春から夏にかけて、雑木林や丘陵では美味しいキイチゴが実る。幸運に恵まれ、見つけた人へのご褒美を、心の底から楽しみたい。

野のイチゴはほかにもたくさん。好みのイチゴを知って探して食べる幸せ。

クサイチゴ

イチゴ（偽果）は紅く、丸っこく、キイチゴの仲間ではかなり大きめ。

道ばたに多く、草丈は30～50㎝ほどと小柄なので、収穫もしやすい。

生食しても美味しく、ジャム、ジュース、果実酒などにも向く。

結実は5～6月。分布は本州から九州。

モミジイチゴ

イチゴはトパーズ色で、丸っこく、つぶつぶが集まったような形になる。

道ばたに多く、大柄で、草丈は50～200㎝ほど。斜面からしなだれるように伸びる。

生食しても甘くて美味しいが、酸味が強めのことも多い。ジャムやソース向き。

結実は5～6月。分布は北海道から中部以北。

ナワシロイチゴ

イチゴは紅色で、大きめのつぶつぶが集まった形になる。

道ばたや林縁に多く、草丈は50㎝ほど。こんもりと茂るほか、しなだれて伸びる。

生食すると甘酸っぱく、ジャム、ジュース、果実酒など加工用食材で活躍する。

結実は6～7月。分布は全国にわたる。

クサイチゴ

モミジイチゴ

ナワシロイチゴ

おわりに

近年、日本の植物世界は――などと書いている場合ではないのである。真っ先に申し述べたいことがある。

　これまでの長きにわたり、前著『うまい雑草、ヤバイ野草』を手に取ってくださった皆々様に、このうえもなく深い感謝を。「本書は貴方様の広い御心とご厚意なしには決して存在しえないものでございます」とあらためて厚く御礼を申し上げたい。この奇抜なタイトルは、益田賢治編集長（当時）のアイデアである。多くの名著や既存書が並ぶ書店の棚で、無名のわたしが紙魚《しみ》のように跳梁跋扈できるよう腐心してくださった。この淡い目論見が成就を遂げるなど、わたしたちは思ってもみなかった。

　それから十数年の月日が流れ、すでに長い間ご一緒している田上理香子氏が本書編集の労をお取りくださった。上梓まで辿り着くことができたのは、わたしの悪癖を知りつくされている田上氏のご尽力があってのことで、この度も普通の編集者では耐えがたい難行苦行の数々を見事に打ち破ってくださった（それを毎度強いるわたしもどうかと思うが）。

　新たに本書をお手に取ってくださった皆様にも、やはり深い感謝をお伝え申し上げたい。あまたある植物本のうち、本書に辿り着ける人はおそらく稀有なご存在であり、そうした方々とはいつの日にか野原をご一緒できたらと願う。やはり同じものを見ながら話せばずっと伝わりやすく、そしてなにより楽しいもので。

　皆様の変わらぬご健勝と、これまで以上に楽しい散歩のひと時を、心から願って。

２０２５年１月末日　森　昭彦

参考文献

薬用・食用に関する文献

木内文之・小松かつ子・三巻祥浩 編『パートナー生薬学（改訂第 4 版）』（南江堂、2022 年）
岡田 稔 監修『新訂 原色牧野和漢薬草大図鑑』（北隆館、2002 年）
三浦於菟 監修、サンディ・スワンダ／田力 著『漢方生薬実用事典』（ガイアブックス、2012 年）
橋本郁三 著『食べられる野生植物大事典』（柏書房、2003 年）
アンドリュー・シェヴァリエ 著、難波恒雄 訳『世界薬用植物百科事典』（誠文堂新光社、2000 年）
山下智道 著『野草と暮らす 365 日』（山と渓谷社、2018 年）ほか

見分け方に関する文献

門田裕一・林 弥栄 監修『野に咲く花（増補改訂新版）』（山と渓谷社、2013 年）
門田裕一 監修、畔上能力 編ほか『山に咲く花（増補改訂新版）』（山と渓谷社、2013 年）
清水建美 編『日本の帰化植物』（平凡社、2003 年）
佐竹義輔・大井次三郎ほか 編『フィールド版　日本の野生植物（草本）』（平凡社、1985 年）
神奈川県植物誌調査会 編『神奈川県植物誌 2018』（神奈川県植物誌調査会、2018 年）
森 昭彦 著『帰化&外来植物 見分け方マニュアル 950 種』（秀和システム、2020 年）ほか

生態に関する文献

森田竜義 編著『帰化植物の自然史＜侵略と攪乱の生態学＞』（北海道大学出版会、2012 年）
伊藤操子 著『多年生雑草対策ハンドブック』（農山漁村文化協会、2020 年）
鈴木光喜「25 年間地中 30㎝に埋土した数種畑雑草種子の発芽力」（『雑草研究』39 巻 1 号、pp.34 ～ 39、1994 年）
高林実・中山兼徳「主要畑雑草種子の土中における生存年限について」（『雑草研究』23 巻 1 号、pp.32 ～ 36、1978 年）

そのほかの文献

岩槻秀明「千葉県立関宿城博物館周辺におけるギシギシ雑種群の観察記録」（『千葉県立関宿城博物館 研究報告』26 号、pp.70 ～ 75、2022 年）
岩槻秀明「河川域の「菜の花」再検討」（『千葉県立関宿城博物館 研究報告』27 号、pp.46 ～ 51、2023 年）
杉山一男「万葉時代のグリーンケミストリー 2 ―万葉時代の生薬について―」（『近畿大学工学部紀要．人文・社会科学篇』49 号、pp.1 ～ 50、2019 年）
齋藤 佑・日塔優太・波多野豊平・村上 聡・尾形健明・木島龍朗「伝統野菜の総ポリフェノール含有量スクリーニングとスーパーオキシド消去活性」（*Material Technology* Vol.34, No.6、pp.159 ～ 165、2016 年）
植村修二「帰化植物とつきあうにはなにが大事なのか」（『雑草研究』57 巻 2 号、pp.36 ～ 45、2012 年）
笠原安夫「日本における作物と雑草の系譜（1）」（『雑草研究』21 巻 1 号、pp.1 ～ 5、1976 年）
山口裕文・梅本信也「雑草生物学概説」（『雑草研究』36 巻 1 号、pp.1 ～ 7、1991 年）
Ahmet Aksoy, William H.G. Hale, Jean M. Dixon "Towards a simplified taxonomy of Capsella bursa-pastoris (L.) Medik. (Brassicaceae)" (*Watsonia* No.22、pp.243 ～ 250、1999 年)
Arlene P Bartolome, Irene M Villaseñor, Wen-Chin Yang "Bidens pilosa L. (Asteraceae): Botanical Properties, Traditional Uses, Phytochemistry, and Pharmacology" (*Evidence-Based Complementary and Alternative Medicine* Vol.2013, No.1、2013 年)
Jennifer M. Edmonds, James A. Chweya *Black nightshades, Solanum nigrum L. and related species* (International Plant Genetic Resources Institute、1997 年)
Ramona Fecker, Valentina Buda, Ersilia Alexa, Stefana Avram, Ioana Zinuca Pavel, Delia Muntean, Ileana Cocan, Claudia Watz, Daliana Minda, Cristina Adriana Dehelean, Codruta Soica, Corina Danciu "Phytochemical and Biological Screening of Oenothera biennis L. Hydroalcoholic Extract" (*Biomolecules* Vol.10, No.6、pp.1 ～ 21、2020 年) ほか

※おもなページを記載。詳細や似ている種について、後続あるいは前後のページで解説している場合があります

さくいん

著者　森 昭彦（もり・あきひこ）

1969年生まれ。サイエンス・ジャーナリスト、ガーデナー、自然写真家。関東圏を中心に、各地で植物と動物のユニークな相関性について実地調査・研究・執筆を手がける。著書に、『身近な雑草のふしぎ』『身近にある毒植物たち』『身近な野菜の奇妙な話』『身近な雑草たちの奇跡』『庭時間が愉しくなる雑草の事典』（いずれもSBクリエイティブ）、『帰化＆外来植物 見分け方マニュアル950種』（秀和システム）などがある。

装丁　渡辺 縁
本文デザイン　笹沢記良
校正　曽根信寿、ヴェリタ
編集　田上理香子

身近にある うまい雑草、ヤバイ毒草

美味しい草とよく似た危ない草、徹底的に探してみました

2025年2月20日　初版第1刷発行
2025年7月 6 日　初版第4刷発行

著者　　森 昭彦

発行者　　出井貴完

発行所　　SBクリエイティブ株式会社
〒105-0001 東京都港区虎ノ門2-2-1

印刷・製本　株式会社シナノ パブリッシング プレス

本書をお読みになったご意見・ご感想を
下記URL、右記QRコードよりお寄せください。
https://isbn2.sbcr.jp/24354/

　ISBN 978-4-8156-2435-4